清醒

女人把自己重养一遍的活法

泰　歌◎编著

台海出版社

图书在版编目（CIP）数据

清醒 / 泰歌编著 . -- 北京 : 台海出版社 , 2024.
12. -- ISBN 978-7-5168-4080-1

Ⅰ. B821-49

中国国家版本馆 CIP 数据核字第 2024N3X680 号

清醒

编　　著：泰　歌

责任编辑：赵旭雯　　　　封面设计：尚世视觉

出版发行：台海出版社

地　　址：北京市东城区景山东街 20 号　　邮政编码：100009

电　　话：010-64041652（发行，邮购）

传　　真：010-84045799（总编室）

网　　址：www.taimeng.org.cn/thcbs/default.htm

E - mail：thcbs@126.com

经　　销：全国各地新华书店

印　　刷：三河市双升印务有限公司

本书如有破损、缺页、装订错误，请与本社联系调换

开　　本：710 毫米 ×1000 毫米　　1/16

字　　数：130 千字　　印　　张：11

版　　次：2024 年 12 月第 1 版　　印　　次：2025 年 1 月第 1 次印刷

书　　号：ISBN 978-7-5168-4080-1

定　　价：58.00 元

在纷繁复杂的世界中，女性常常扮演着多重角色，无论是职场精英、公务人才，还是贴心伴侣、贤良母亲，女性都在用自己的方式书写着属于自己的人生篇章。而在这些角色中，如何做一个高情商的优秀的女人，成了许多女性寻找成功人生的一个重要课题。高情商在与人交往、为人处世中起着重要作用。高情商的女人通常能够在面对复杂世界时进退自如，处理发生在自己身上以及周围的一切时自然坦荡。

高情商不是“投机取巧”，更不是“偷奸耍滑”，而是具有智圆行方的内在修养。在与人交往时，能够帮助我们准确地理解他人的情感和需求，善于沟通和协调关系，可以在复杂的人际关系中保持自我，同时也尊重他人。这样的女人，走到哪里，都会成为他人眼中的焦点，稳居“C位”！她们不仅有着过人的智慧，更有着温暖人心的力量。在待人接物时，高情商能够帮助我们保持淡然、平静的心境，顺境扬帆、逆境划桨，拥有审时度势、处变不惊又拼搏向上的生活态度。

做一个高情商的女人，能够让我们在繁杂的世界中保持一颗宁静的心，不因外界的诱惑而乱心，不因挫折的打击而灰心，不因处世的繁杂而违心。高情商的女人，懂得如何在忙碌的生活中寻找安宁；懂得如何在喧嚣的世界中保持自我；懂得如何让自己和他人和谐相处；懂得如何赢得属于自己的精彩人生。

本书旨在帮助女性读者从不同层面提升自己的情商，培养优秀的品质，成就更加圆满的人生。我们通过深入浅出的方式，分析情商的核心要素，如品格修行、说话技巧、处世原则等，并通过通俗的语言和各种案例来讲解，帮助女性读者在生活的各个方面取得更好的平衡与发展。

在这个充满挑战和机遇的时代，女性需要更加自信、更加坚韧，带着智慧和优秀品质向前迈步，这将是我们走向成功的关键。让我们一起学习、成长，告别过去，把自己重新养一遍，成为一个情商高、会表达、懂社交的聪明女人，让我们重新塑造的气质，成为构建幸福生活和美满人生的智慧利剑。

目录 CONTENTS

CHAPTER 01

用内在品格俘获别人的心

CHAPTER

02 会说话的女人一开口就赢了

CHAPTER 03

好看的皮囊千篇一律，有趣的灵魂万里挑一

CHAPTER 04

善用女人的优势，趋利避害

CHAPTER 05 掌控人际交往的合适火候

01 CHAPTER

用内在品格俘获别人的心

“女性的地位不应该取决于她们的外貌或者婚姻状况，而应该取决于她们的才华、能力和努力。”

对于女性而言，通往成功路上最大的绊脚石往往来自对成功的畏惧。女性天性敏感多疑，在很多时候不敢向前。我们需要拥有良好的心态和强大的内在品质去面对这些畏惧，抓住哪怕万分之一的机会去获得成功。在这个过程中，我们需要正视自己的情绪，不断进行自我激励，直至通向成功的彼岸。

培养成功的九大心理资本

一般说来，成功的女人都有这些心理素质：一是有梦想有追求；二是做事专心致志；三是待人处世有分寸；四是对自己的行为负责；五是敢于做决定；六是勇于承担责任；七是自立自强；八是具备专业知识与才能；九是开朗乐观；十是热情又热忱。除此之外，要做成功的新女性，还要经常进行心理调整——自信、宽容、坚毅、独立、活跃、进步、平衡、幽默、追求——是每天的必修课。

很多女人常常不愿意像男人那样争取成就，她们害怕因此变得没有女人样。因此，“比男人优秀和有成就是可怕的”这种想法常常在女性心中出现。正是“成功导致对失去的东西的畏惧”限制了女性。

对成功的畏惧，成为女性成功路上最大的拦路虎，也成为存在于女性心中的最大障碍。要想克服对成功的畏惧心理，到达成功的彼岸，女性朋友们就要注意锻炼这些方面的能力了。

自信

每天早上起来，梳洗完毕，对着镜子里那个袅袅婷婷的女人大声说："我很好，我真的，真的，真的很好！"一位心理学家说，这是开发自我潜能的手段之一。

女人的力量犹如"化百炼钢成绕指柔"。有自信的女人，不会整天张狂霸气，高呼权利至上，而是活得舒展、自信；不是整天发出挑战书，或者摆出一副"皇帝轮流做，今年到我家"的进攻态度。和谐、平等和互助的两性关系，才是社会进步的动力。自信，不是自大，只有自信才会幸福。

乐观

乐观是指对目标锲而不舍，为取得成功在必要时能调整实现目标的途径，是指预期未来会发生积极的事情的心理倾向。乐观的人往往懂得包容过去，珍惜现在，并且积极寻找未来有可能会出现的机会，以及寻求有效的社会人际关系网络的帮助。

宽容

世间万象本来没有绝对的对与错。也许你的朋友通过嫁给一个富裕的老公而衣食无忧，而你偏偏相信女人要靠自己一步一步稳扎稳打才能获得属于自己的幸福。你和你的朋友针对自己的幸福做出了不同的选择，二者并没有冲突，每个人都有自己往高处走的方法，也许殊途同归，最终我们会站到同一个制高点上。女人要能够包容，懂得尊重别人的选择。

韧性

心理学的“韧性”，也称“弹性”。人的生命具有主动应对、调节和适应外部压力的心理能力，不同于生物体受外力后仅仅表现为被动恢复的属性。美国心理学会把韧性定义为：个人面对生活逆境、创伤、悲剧、威胁或其他生活重大压力时的良好适应与应对能力。心理韧性具有以下三种心理能力：第一，克服逆境、化解危机的能力；第二，耐受压力、良好适应的能力；第三，从创伤中复原的能力。

“铜钱”性格

成功女性的性格犹如铜钱，外圆内方，在柔情似水的外表下，跳动着一颗坚强的心。她已经脱离了狂热女性主义者的幼稚，从不摆出一副高傲冷漠的女强人的面孔，以为这样就是坚强。她深深懂得刻意追求的强悍，与女人真正的内心世界反差太大，是毫无韧性的坚硬。因此，她用最温柔的行为出击，争取最合理的待遇与最合适的位置。而且，她从不像工作狂那样舍弃爱情，她会理性地去爱，不依赖爱情，而是充分享受爱情

带来的甜美；不控制情感，而是把它向美好的目的地引导。

完整独立的自我

新时代的女性有独立的人格。在经济上，她不依靠任何人，因为她懂得坚实的经济基础，是维护自我尊严的必需。通过经济的独立，她享受着成就的满足感。在精神境界，她不是某个男人的附属品，懂得通过交友、读书、娱乐充实自己的内心。所以，即使没有爱情的滋润，仍然活得自在而充实。她不为不爱自己的男人流泪，也不会因为男人的承诺而用一生去等候。她，只相信自己，不用依赖也能活得很好。

活力四射

有很多现代女性会把全副精神都用来打理自己的事业。她踏实、勤奋，即使只是一份普通工作，她也会用满腔的热忱去经营。做一个有干劲的女人不是教你在事业上和男人斗个你死我活，而是要你问自己：从第一份工作开始，我有没有为自己设定一个奋斗的目标？我要的究竟是什么？有人会说：成功的女人一定也会面对情感上的创伤。即使如此，她仍然会善于把挫折转化为事业成功的动力，至少不会一蹶不振。她知道，每天中规中矩地完成任务是不够的，对事业要有点“野心”。女人，要用得体的方法为自己争取到更多的事业上的成功。

每天在进步

身处日新月异的科技世界，不进则退。现代女性明白这点，所以她不断充实自我，提升自身的知识和技能。她相信自己一定有天生的优势，并努力加以后天的创造。她比别人更加努力进取，不只是对自己有信心，也更有必胜的决心。

幽默是最大的智慧

阴沉，是内心的病症。脸上的笑容不仅传递着心里的欢愉，也是赠送给世界的一份美好礼物，因为笑容可以传染。没有幽默的态度，不懂得自嘲，心事永远打着死结，拥堵于胸，就一生得不到快乐。现代女性擅用幽默驱赶烦恼，懂得自我开解、原谅、忘记。因为，她永远把快乐放在自己手里，而不是系在别人的言行上。

不放过万分之一的机会

有一个人要乘火车去纽约，但事先没有订好票，这时恰值圣诞节前夕，到纽约去度假的人很多，因此火车票很难买到。

他的妻子打电话去火车站询问："是否还可以买到这一次的车票？"

车站的工作人员答复："全部车票已经售光。不过，假如你不怕麻烦的话，可以带着行李到车站碰碰运气，看是否有人临时退票。"

车站反复强调了一句："这种机会或许只有万分之一。"

那人欣然提了行李赶到车站去，就如同已经买到车票一样。

他的妻子问道："要是你到了车站买不到车票怎么办呢？"他不以为意地答道："那也没有关系，我就权当带着行李去车站散了一会儿步。"

那人到了车站，等了许久，退票的人仍然没有出现，乘客们都川流不息地向站台涌去了。

但他没有像别人那样急于往回走，而是耐心地等待着。

大约距离开车时间还有5分钟的时候，一个女人匆忙地赶来退票，因为她的女儿病得很严重，她得先带女儿去医院，因此被迫改坐其他的车次。

他幸运地买下了那张车票，坐上了去纽约的火车。

到了纽约，他在酒店里洗过澡，躺在床上给妻子打了一个长途电话：

“亲爱的，我抓住那只有万分之一的机会了，因为我相信一个不怕吃亏的笨蛋才是真正的聪明人。

“我们应该重视那万分之一的机会，因为它将给你带来意想不到的成功。有人说，这种做法是傻瓜行径，比买奖券的希望还渺茫。这种观点是有些偏颇的，因为开奖券是由别人主持，丝毫不由你主观努力决定，但这万分之一的机会却完全是靠你自己的努力去把握的。”

很多人之所以平庸一生，无所作为，往往是出于种种原因而错失了许多机会。凭你具备多大的勇气，凭你拥有多勤勉的实干精神，没有机会的配合，你也难做成事情。机不可失，时不再来，哪怕只有万分之一的机会，也许你的美好前程就会因此打开。

当然，要想把握住这万分之一的机会，必须具备一些必要的条件：一是目光要长远。鼠目寸光是不行的，不能看见树叶，

就忽略了整片森林。二是必须锲而不舍，没有持之以恒的毅力和百折不挠的信心是无济于事的。

机遇是美丽而性情古怪的天使，她悄然地降临在你身边，如果你没有准备好，她又会翩然而去，不管你怎样惋惜，她都从此杳无音信。

要把握好这万分之一的机会，我们必须具备一种积极、乐观的人生态度。只有凡事往好处想的人，才能视困难为希望，才能有信心赢得事业上的成功。

有一种动力，叫自我激励

人生的旅途就像马拉松赛跑，一路上虽然有人喝彩、鼓掌、加油，但这些都只是外在因素，要想活得精彩，真正的力量来自自己的内心。

我们每个人无论多么坚强，都需要勇气、力量和希望，在无助时，也会寻求来自自己或他人的激励，缺乏激励就会导致没有足够的生活热情；而你得到的激励越多，得到的力量就越大，这种无形的力量会激发你心底的潜能，使它充满你的全身，这是一种非常奇妙的作用。

苏莎是一位著名的印度舞蹈家，在她事业的巅峰时期，却不幸遭遇了车祸，她的右腿被迫截肢，对于一个以舞蹈为职业的人来说，失去了一条腿无疑也就失去了全部的事业。但苏莎却并不轻言放弃。

在随后的几个月里，苏莎邂逅了一位用在硫化橡胶中填充海绵的方法改进假肢技术的医生。这位医生为苏莎量身定做了

一只新型假肢。装上假肢后，苏莎重返舞台的愿望也日益变得强烈和迫切。苏莎知道，首先自己要坚信梦想一定能实现。于是，为重返舞蹈世界，她开始了艰苦的尝试，她学习平衡，弯曲，伸展，行走，转身，旋转，直到开始翩翩起舞。

在其后的每一次公开演出中，她都忐忑不安地问父亲演出效果如何，而每一次，她得到的回答都是："你还有很长一段路要走。"终于，在孟买的一次演出中，苏莎实现了历史性的跨越，她以令人不可思议的舞姿震惊了所有的观众，让每一位在场的观众都感动得热泪盈眶。苏莎也因为这次演出的巨大成功而重新夺回了原本属于她的"舞蹈皇后"的位置。当演出结束后，她再次向父亲征询意见，这次父亲什么也没有说，只是充满慈爱地抚摸着她的假肢，眼里满是泪水。

苏莎奇迹般的成功，极大地鼓舞了当地的人们，经常有人问她："在近乎绝望的逆境中，你是如何战胜自己并最终取得成功的？"苏莎总是很平淡地说："跳舞用的是心而非脚，我只是不断地激励，我相信自己一定会成功。"

圣女贞德说："所有战斗的胜负首先在自我的心里见分晓。"那些事业上的成功者，大都是能够自我激励的人。不然即使你有完善的个性，有科学的方法，但是如果缺乏前进的信心，也很难实现成功。人生的成长，有时需要师长的帮助、大众的扶持、领导的提携、朋友的勉励，但是光靠别人，无法帮助自己取得

成功，最重要的还是要靠自己。

当你的内心产生促你上进的声音时，一定要注意聆听，因为它是你最好的朋友，将指引你走向光明和快乐。这种激励也存在于我们自身，它推动我们走向完善的自我，追求美好的人生。

别让情绪拖累了你

女人是感性的，相对于男人而言，女人更善于表达自己的情感。可是作为现代的独立女性，女人一定要掌握控制情绪的能力，这样才能释放出最大的魅力。

身兼酒店房务总监与人力资源总监双重身份的海伦，对控制情绪的重要性深有感悟。

在工作上选择理性或者感性，要根据不同的人和事。在执行公司政策和完成任务指标方面，要保持绝对的理性，控制好情绪。然而，在员工管理上，女性管理者就要积极发挥女人的独特魅力，多用一些女性温柔细腻的情绪来感化员工。

自从当上了总监，海伦每天都要管理公司的各种事务，她努力将积极的情绪带到公司中，让大家一起分享她的快乐，因为如果将消极的情绪带到工作中，就会很容易在问题的处理上产生误差，也会让同事们逐渐对她敬而远之。

有一次，一名技术人员由于前一天工作到凌晨，第二天迟

到了，较大地影响了整个工程的进度。那天海伦正好情绪不好，于是不由分说，狠狠地批评了那位员工。结果没过多久，这位员工没有跟她解释原因就辞职了。这件事对她的影响很大，因为她当时没能很好地控制情绪，而且又没有和员工进行及时、深入的沟通，结果就造成了公司的人员损失。

如今每当情绪出现波动的时候，海伦都要冷静地坐下来，缓和一下，并分析具体原因。每天她都会做适量的运动，因为在她看来，消除坏情绪的最佳方法就是运动。同时，她也会适时向要好的朋友倾诉自己的苦恼，倾听朋友的意见和建议。

像海伦这样在职场上处于管理层的职业女性有很多，她们的工作压力来自各个方面，如果不懂得控制情绪、自我减压，工作和生活就会被越来越多的负面情绪所影响，对于自己和周围的人来说，都会是非常大的伤害。

拿破仑·希尔曾经这样说过："自制是一个人最难得的美德，成功最大的敌人是对自己的情绪失去有效的控制。当愤怒时，无法控制怒火，使周围的合作者畏惧不已，只好敬而远之；当消沉时，放任自己萎靡颓丧，让稍纵即逝的机会白白浪费。"因此，职场成功的关键就是掌握控制好自己情绪的能力。

丢掉不稳定的情绪

人的一生会遇到很多挫折，我们应该坦然面对，努力控制自己的情绪，从而渡过难关。

希尔和办公室大楼的管理员发生了一场误会。这场误会导致他们两人之间彼此憎恨，甚至演变成激烈的敌对状态。

这位管理员经常在希尔一个人在办公室中工作时，把大楼的电灯全部关掉，以显示他对希尔的不满，这种情形一连发生了几次。

一天，希尔去办公室准备一篇演讲稿，当他刚刚在书桌前坐好时，电灯熄灭了。

希尔立即跳起来，奔向大楼地下室。当希尔到那儿时，发现管理员正吹着口哨，仿佛什么事情都没有发生过似的。

希尔立即对他破口大骂，长达 5 分钟之久。最后，希尔实在想不出什么骂人的词语了，只好放慢了速度。这时候，管理员支起身体，转过头来，脸上露出了开朗的微笑，并以一种充满镇静与自制的柔和声调说："你今天有点激动，不是吗？"

他的话就像一把锐利的短剑，一下子刺进希尔的身体。

站在希尔面前的是一位文盲，他既不会写也不会读，但他却在这场战斗中打败了希尔，更何况这场战争的场合以及武器都是自己所挑选的。

希尔的良心受到了谴责。他转过身子，以最快的速度回到办公室。当把这件事反省了一遍之后，他立即看出了自己的错误，他必须向那个人道歉，内心才能平静。

最后，他花了很长的时间才下定决心，决定再次回到地下室，去忍受必须忍受的羞辱。

希尔来到地下室，把那位管理员叫到门口。管理员以平静、温和的声调问道："你这一次想要干什么？"

希尔告诉他："我是回来为我的行为道歉的——如果你愿意接受的话。"管理员脸上又露出那种微笑，他说："你用不着向我道歉。除了这四堵墙壁以及你和我之外，并没有人听见你刚才所说的话。我不会把它说出去的，我知道你也不会说出去的，因此，我们不如就把此事忘了吧。"

这段话对希尔内心的影响更甚于他第一次所说的话，因为管理员不仅表示愿意原谅希尔，实际上更表示愿意协助希尔隐瞒此事，不使它宣扬出去，以免对希尔造成伤害。

这件事情使希尔获得了一生当中最深刻的一次教训：丢掉

不稳定的情绪，在任何时候都要控制住自己的情绪。

人的一生当中会遇到很多问题，也会遇到很多挫折与困难，如果你学会平稳自己的心态，丢掉那些不稳定的情绪，以后即使遇到更大的问题，自然也能坦然地面对，也能客观地解决。

一个不能自如地控制好情绪而随意让情绪外露的人，一定与成就大事无缘；相反，选择丢掉不稳定的因素，碰到任何事情都不会情绪化，懂得喜怒不形于色，随机应变，这样的人才能游刃于世。

懂得利用自身优势

专家认为，由于生理和心理方面的原因，女性自身形成了共有的特点。譬如，环境适应能力强，善于与陌生人接触沟通，语言表达能力强，说话流利清晰，感受细腻深入，性情温柔亲切，为人谦和善良，等等。如果发挥得当，这些显著的个性因素都是女性在人际交往中的先天优势。

在女性参与社会活动范围急剧扩大的今天，交际中怎样发挥自身的巨大优势，已经成为众多职场女性所急切探讨的热点问题。女性谦和、温柔、细腻的天性，无论同什么人来往，都会受到普遍欢迎。

在各种人际交往中，充分展现女性特有的优势，一般总会获得明显的良好效果。但是通常情况下，具体到每个人，因为性格、工作和生活环境的迥然不同，人与人之间交往的方式、风格也有极大的差别，而彼此各异的交际风格，必然也会引发差异甚大的心理效应。如性格活泼的人让人更愿意接近；文静

含蓄的人给人一种深刻、沉稳的感觉。

那么，女性怎样在处理人际关系中发挥自身独特的魅力，并能赢得对方的好感呢?

适当地修饰打扮

女性的打扮艺术，并不仅仅是简单地涂脂抹粉，也不等同于喷洒高级品牌香水，而是对自我形象的整体塑造和协调统一，是一种由内而外的自信和雅致，是自己人格的充分外化。得体贴切、精致淑雅的打扮，是对自信的牢牢把握，也是对社交场合的自如驾驭，能发挥出女性的迷人风采。

露出自然的微笑

微笑是冬日里一道温暖的阳光，女性的微笑是一封最好的自我介绍信，是袒露内在心灵善良柔美的永恒佳作。它传递着热情，散发着温馨。自然的微笑可在瞬间缩短与对方的心理距离，是与人交际的优质导体。对陌生人露出微笑，传达着你的随和与友好；对冒犯你的人展现笑容，传达着你的宽容与谅解；对钟情于你的人微笑，传达着你的倾心与接纳；对周围的人微笑，传达着你对生活环境的适应与融入。

无论在何种交际活动中，一旦遇到进退两难的尴尬场景时，可用轻轻的微笑去冲淡紧张难堪的气氛，获得周旋缓和的余地，掌握着交往的主动权；善意从容的微笑是一种强大的、表达信心的“力量”，也是放松神经、积极思维、征服对方、赢得胜利的绝佳缓冲方式。

展现自我介绍的风韵

在社交场合，女性的自我介绍都是充分展示其交际魅力、给人留下美好第一印象的“开场白”。仪表美，再加上一个恰当或讨人喜欢的自我介绍，就是一次成功到位的自我推销，会使人禁不住产生想与你交往或成为朋友的期望。在做自我介绍时，首先要有充分的自信和自尊；其次要以恰当和真切的姿态、声音、表情打动人心。

介绍自己的姓名时，注意声音要清晰、明朗，语速节奏不可过快。与此同时，满面春风的表情更会使人产生深刻且良好的印象。

展示良好的姿势

优雅的坐姿，能显现女性端庄、稳重、大方的风格特性，是女性体现姿态美的一种重要方式。坐时两肩平稳放松，双腿呈流水形，切忌两腿分开或跷二郎腿，一副满不在乎的样子。腰背挺直，不左右或上下地来回晃动。这样才能给人一种娴静、含蓄、有品位的美感。

善于耐心倾听他人讲话的女性，给人一种懂得尊重他人、很讲礼仪的感觉。在听他人说话时，不时适当地微微点头，并真诚地用双眼望着对方，适时地插话，比如插一些“嗯”“很好”“是吗”“真棒”等话语或感叹词，使对方饶有兴味地说下去，同时也因此敬重你。

展现温柔的女性特色

在日常生活中，人们都很喜欢女性的热情和周到。因为女性经常将感情倾注于交际之中，善良、温柔成了女性形象的核心品质。

温柔、善良原本就是女性的特质。温柔又善良的女性，总能散发出浓烈而甘醇的芳香，释放出深深吸引人的强大磁性。

学会隐藏情绪

作为职业女性，你一定要有隐藏情绪的能力，这样才能尽情释放最大的职场魅力。有些女性适应新环境的能力不太强，可是，只要有信心，就可以在职场上表现得恰当。过于情绪化的反应，不但会损坏女性的自身形象，而且也会影响团队的形象和公司的业绩。

一个真正具有智慧的人，能及时调整自己的情绪和角色，以适应不同场合、不同情境的人际交往。

有一些成功的职场女性，往往都具有“变脸”的功夫。

比如有人在她办公室的会客室等她，隐约听到她在电话里怒声和别人争吵，这人也许心想，来得真不是时候。

过了一会儿，她出来了，竟然满脸笑容，看不出任何刚刚和人争吵的痕迹。

不到一盏茶的工夫，有员工进来请示她事情，她立即摆出一张严肃的面孔，连声调都充满了权威。

客人离开她的办公室后，想想看，她会换上哪一张脸？

不管如何，“变脸功夫”有其必要性。试想，如果她用刚刚和人吵架的怒脸来接待客人，谈话还能继续下去吗？也许客人也要和她吵架。而她如果对待员工老是和颜悦色，恐怕员工也会失去对她的敬畏吧。

以世俗的眼光来看，这种“变脸如翻书”有点让人觉得不可捉摸，缺乏真诚。但是从现实的角度来看，随着环境的变化而“变脸”，也不失为一种圆融的处世智慧。

拥有隐藏情绪的功夫，在社会生活中有如下好处。

隐藏自己的秘密

你的情绪如果老是写在脸上，喜怒哀乐毫无掩饰，别人一看就知道你心里想什么，有心人可能很容易就让你把事情的来龙去脉说出来。这样的人对情绪缺乏控制力，将给人留下“办事不牢靠”的印象。

避免别人误会你的情绪，造成人际关系的反效果

例如，若把刚刚跟人吵架结束的怒容拿来面对客户，客户如果不了解，会误认为你对他的来访不耐烦，你若无合理的解释，恐怕对方就会拂袖告辞了。同样，在不该严肃的场合严肃，在不该放松的地方放松，也都不是正确的做法，因为这会让别

人误解你。

具有隐藏情绪的功夫固然重要，但要学到这种功夫并不容易。因为喜怒哀乐这些情绪都是难以掩饰的，有些人可以做到该哭就哭、欲怒则怒，这种掩藏情绪的功夫可以说已经出神入化。

要知道，无论你有多哀伤、多愤怒，除非是你的至亲好友，否则很少有人对你的喜怒哀乐有兴趣，并进一步表示关怀，更不可能倾听你的哀伤或是愤怒。如果你连这点都不了解，不但会给自己造成极大的压力，也会留给对方不好的印象。

执着的女人最美丽

执着是一种精神，更是一种意志，它可以使我们在人生的道路上更加踏实地走下去，在我们遇到困难时，它告诉我们要更加坚强。

有一种鸟叫作荆棘鸟，它从生下来就有一个理想，飞到荆棘丛最高的枝上，让那根刺狠狠地刺入自己的胸膛，唱出一生中最为凄惨而又动听的歌声。为了这一理想，它付诸行动，在生命的最后一刻唱出了美丽、凄惨的歌声，因此得名荆棘鸟。虽然这一理想实在让人无法理解，但是，如果我们拥有像它这样不懈追求的意志，那我们离理想还遥远吗？

真正成功的人生，不在于成就的大小，而在于你是否努力地去实现自我，认真地走出属于自己的道路。因此不要轻视小事。那些所谓的小事，只要认真对待，漂亮完成后就可能成就一件大事。所以，不要小看自己所做的每一件事，即使是最普通、最卑微的，别人都不愿意做的小事，也值得你去做。

有一个名叫罗爱德的小镇，前不久，该镇的教育机构为镇里一位女教师举办了一次摄影展览，展出的都是该教师以女儿为主人公的生活照片。出人意料的是，有2800多位记者采访这次的摄影展，打破了当地个人摄影展览采访记者人数的历史纪录。

这位女教师叫露易丝，今年45岁，一直在当地小学任教。她的生活很普通，与众不同的是，她坚持每天给女儿珍妮照一张相，从女儿出生到20周岁，足足照了20年，照了7300多张。她把这项活动称为“女儿每天都是新的”。

展览馆共有八层展厅，平心而论，这些照片本身都没有什么高超之处，从拍摄技术到画面内容，都很平凡，甚至有千篇一律之嫌。

然而，就是这些平凡的照片引起了轰动，扬名于世界，因为它体现了露易丝对女儿珍妮永恒的爱。

永恒就是美丽，执着就是艺术，平凡铸就伟大。这是人们对露易丝这一活动的评价。

许多人做事往往有始无终，他们开始时还满腔热忱，但在遇到了困难后，往往会半途而废。他们之所以会如此，就因为他们没有充分的坚韧力来使他们达到最终的目的。我们做人也当如此，知道什么是自己想要的，就要坚守信念，不轻易放弃。即使终其一生未成就惊天动地的伟业，对其人生来说也是充实、快乐的。试试看，去寻找自己喜欢的事，做自己喜欢的事，你就离成功更近。人的思想是了不起的，只要专注于某项事业，那就一定会做出使自己感到吃惊的成绩来。

含蓄的女人更高雅

做人，“含蓄不露，便是好处”“用意十分，下语三分，可见风雅；下语六分，可追李杜；下语十分，晚唐之作也”。其实这也是做人的一大诀窍，做人不能太露，太露了就是“晚唐之作”，不可取。含蓄是一种大气、一种教养、一种风度，真正会做人的人，总是含蓄的，总是懂得明明占理十分，却只说三分，总是记着“得理也让人”……

含蓄不是一种技巧，而是一种做人的准则。含蓄人生的拐杖是智慧，而内容则是象征和暗示。它的魅力在于“藏”，就像一幅美妙的山水画，“盖一层之上更有一层，层层之中，复藏一层，善藏者未始不露，善露者未始不藏，藏得妙时便使观者不知山前山后，山左山右有多少地步……”。在这里，所谓“藏”并不是掩盖自己的本来面目，而是在生活中留有余地，不是赤裸裸地表现自己，也不是直截了当地要求别人。

“只打雷，不下雨”，在生活中人们常用此来形容那种只是

满天喊口号而办不了实事、不能兑现诺言的人。这种人热衷于显示自己、“推销”自己，即使办了一点实事，也只是肤浅地流于形式。这种人往往只会给人留下“夸夸其谈”的印象，无法树立起他在人们心中的威信。

与此相反，有的人则是没有“雷声”，却下起了“绵绵细雨”，悄悄地滋润了人们的心田。这种人的处世态度是以含蓄为贵，注重实际，不喜欢口头上做文章。他们在人们心目中有较高的威信。

领导想提拔一名下属辅佐自己，并处理相关事务，合适的人员有两名：小林和小吴。小林得知这一信息后，拉张三结李四地鼓吹自己有远见，有谋略，有能力改变单位现状，并在总结会上大吹自己各方面的成绩。总之，她是尽量显示自己，以引起其他人的重视和注意。岂料，领导一句“像你这样能力太强的人，这里用不起”就打发了。相反，当领导找小吴谈心时，小吴只含蓄地说了一句“我在没做成功之前，不敢随便许诺”的话就赢得了领导的赏识。领导认为她讲实际、求实效，而小林却野心勃勃，过于炫耀，有办事浮躁之嫌。最后领导毫无悬念地起用了小吴。

从上面这则故事中可以看出，有时说话一句抵百句，费尽心机地想达到目的，倒不如顺其自然。我们发现，那种生怕别人不认识自己，而刻意渲染自己的人，在人际交往中常常会出

现以下几种情况。

言多必有失，行多必有误

上则事例中，应该说小林的出发点是正确的，希望领导重视人才、大胆起用有作为的人。但是她过于急躁，有些话是说者无意，听者有心，出现了这句“有能力改变单位现状”的失误之语。可以想象领导会认为她小看自己，认为只有她才能帮助领导排忧解难显然是在说大话。而小吴则慎重行事，顺其自然，反倒赢得了同事和领导的赏识……

给人造成威胁，从而被人疏离

那种觉得自己比别人强，过分显示自己才华的行为，往往会使周围的人对你产生一种厌烦感和压抑感，而不愿接近你。

过于张扬、爱表现，使人厌倦

人们常有这种感觉：对自己不太了解的人，往往会产生一种神秘的诱惑力，而那些张扬跋扈、爱表现自己的人，或是天天对别人颐指气使、指手画脚的人，会让人厌倦并疏远。

因此，我们做人应懂得“含蓄”，面对各种考验沉着冷静，考虑问题要有深度，不要轻易发表自己不成熟的主张，看人看事不能肤浅片面。当然，这并不是说让你坐等机会，不去争取，

而是要让你采取正确的方式。面对竞争激烈的社会，当人们热衷于“推销自我”的同时，“含蓄”做人也正在为不少人所接受。

生活中，有很多的人不懂得含蓄，在一些事情上往往控制不住自己的情绪，过分外露便会遭到别人的反感，同时也惹来了自己的不快……

不给自己留退路和余地，把自己暴露在弹火纷飞的壕沟外，容易招致明攻和暗算。

一个人具有锋芒是好事，在适当的场合显露一下既有必要，也应当。但锋芒可以刺伤别人，也会刺伤自己，运用起来应当适度，平时应把锋芒插在剑鞘里。过分外露只会导致自己的失败，尤其做大事的人，过分外露既不能达到目的，又会毁掉前途。

每个人都有自身的缺点，有才能的人也许缺点更多。也就是常说的：干得越多毛病越多。如果危及别人的利益，必然遭忌，也许会遭人落井下石。

猛虎藏于山野之中，伺机而动；俊才隐于众生之中，待机而行。是故真人杰也，不彰，不矜，不显，不明，不扬，不呈，如此则外可保其才，内可养其性，为凡人所不能之事，成凡人所不能成之大业也！

含蓄是一种技巧。以一当十，言简意赅。含蓄是一种智慧，它能看透并抓住事物最本质的方面，以及纷纭的、千变万化的

众相中共性的东西。“一说就明”的根基在于“一点就透”。

含蓄是一种追求。言语永远是有限的，意趣却是无限的。只有懂得无限、感受得到无限的人，才懂得边感受边去琢磨以有限的言语去追求无限的意趣，于是才有含蓄。

含蓄是一种风格，是一种礼貌、文明、深沉、文雅、婉约，绝不那么浅薄、粗鲁而且自以为是地强加于人。

含蓄甚至是一种品德，尊重别人也尊重自己，尊重世界、尊重历史也尊重文学，因此永远不会喋喋不休。

做人还是含蓄点、稳重点好，切记莫要过分外露了，要时时牢记“言多必失”的道理。

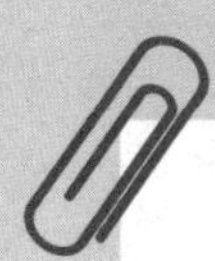

女人高情商话术

当别人夸你衣服很漂亮时

一般女性：谢谢夸奖！

聪明女性：谢谢！今天因为要见你嘛，所以穿得好看一点儿。

长辈夸你时

一般女性：哪有您说的这么好！

聪明女性：谢谢，能得到您的夸奖可太荣幸了，您的鼓励就是我最大的动力！

当男人说“我比你大”时

一般女性：我就喜欢比我大的。

聪明女性：相比青涩的柠檬，我更喜欢成熟的玫瑰。年龄无法阻挡我和你的故事。

当男人说“我们不合适”时

一般女性：怎么不合适了？

聪明女性：相似的人适合吵闹，互补的人才能终老。两个人磨合一下就好了，再好的饭菜，也离不开 2 块钱一包的盐。

清醒日志

02 CHAPTER

会说话的女人一开口就赢了

> 孔子说：“讷于言而敏于行。”与人言，宜和气从容。与人相交，当和而不同。

说话的艺术在很多时候是非常重要的，不同的说话方式有着截然不同之意，也会在之后出现大不相同的反应。女性在职场、生活、社会中应该学会巧言慎行，婉转的方式会更容易让别人心悦诚服；恰当的交流会更容易达到目的……掌握不同场景下的说话方式，能够让我们更懂人情世故，与人相处自然也能够左右逢源。

高情商说话的艺术

说话是一门艺术，同样的意思，用不同的方式、不同的语言表达，会产生大为不同的效果。如何才能既巧妙准确地表达自己真实的、真正的意思，又不得罪对方，这需要你用一颗慧心慢慢体会。

人们总是把激烈的语言交锋称为唇枪舌剑，有时候两片嘴唇、一条舌头，比真枪实弹的威力还要大。就像睿智的本杰明·富兰克林所说："假如你总是争论、辩驳，或许你偶尔能赢，可这种胜利是空的，因为对方内心的好感你是永远得不到的。"

现实生活中，一些带有批评性的建议、一些强制性的规定，以及一些比较生硬的话语，直接说出来往往让人听了不大舒服。如果说话委婉、含蓄、谦恭，或者是换一个角度，用另一种表达方式，变成一种善意的劝诫、提醒和关照，会让人听起来更为舒服，从而更容易被接受。

春秋时期，楚庄王有匹心爱的马，楚庄王看重此马远远超

过看重人。他给马披上锦绣的衣服，养在华丽的屋里，马站着的地方设有床垫，并用枣脯来喂它。马因为吃得太好太多，患肥胖病死了。楚庄王竟然下令让全体大臣给马戴孝，不仅准备给马做棺材，还要用大夫的礼仪安葬。

群臣一致反对，文武百官纷纷上疏劝楚庄王别这样做。楚庄王对此十分反感，他立即下令：有谁再敢对葬马这件事进谏，格杀勿论！

迫于楚庄王的淫威，群臣都不敢再说话了。优孟一听到楚庄王的命令，立即来到殿门，刚走上台阶就仰天大哭。楚庄王见他哭得这么伤心，觉得很惊讶，问他为何大哭。

优孟说："这匹死去的马是大王最疼爱的。楚国是堂堂大国，用大夫的礼仪来安葬它，礼太薄了，一定要用国君的礼仪来安葬它。"

楚庄王听了优孟不像群臣那样拼死劝谏，而是支持他的主张，不觉喜上心头，很高兴地问："照你看来，应该怎样办才好呢？"

"依我看来，"优孟清了清嗓子，慢慢说，"以雕玉做棺材，用耐朽的樟木做外椁，以上等木材维护棺椁，派士兵挖掘墓穴，让老少都来挑土修墓，齐王、赵王陪祭在前面，韩王、魏王护卫在后面，用牛、羊、猪来隆重祭祀，给马建庙，封它万户城邑，将税收作为每年祭马的费用。"说到这里，优孟才将话锋一转，指出了楚庄王隆重葬马之害，"这样，诸侯听到大王对死马的葬礼如此隆重，都知道大王认为人卑贱而马尊贵了。”

这么一说，确实戳中了楚庄王葬马的要害，一个君主竟然“贱人而贵马”，必然为世人所厌弃。问题如此严重，使楚庄王大为震惊，说：“寡人要葬马的错误竟然到了这么严重的地步吗？怎么办才好呢？”

优孟说：“请大王用葬六畜的办法来葬马：用土灶做外椁，用大锅做棺材，用姜枣做调料，用木兰除腥味，用禾秆做祭品，用火光做衣服，把它葬在人的肚肠里。”于是，楚庄王听从优孟的劝谏，派人把马交给掌管厨房的人去处理，并告诉大家不要将此事传扬出去。

优孟因侍奉楚庄王多年，熟知其性情，无论是忠言直谏、强行硬谏都难以奏效，于是在称赞、礼颂楚庄王“葬马”精神之后，引出了楚庄王的错误行为，让楚庄王明白自己犯下的错误，从而接受自己的建议。

孔子说：“讷于言而敏于行。”这是说话、做事的诀窍。言在前，行在后，可见“言”的重要性和首要性。我们首先要会说话，说假话，老百姓不高兴；说套话，老朋友不高兴；说实话，老板不高兴，结果越来越多的人不敢说真话。真话不能直说，而是应该艺术地表达。真话“有刺”，实话有“毒”，就容易被有心人听成“坏”话。

如今，在待人处世中的委婉语言更能让人接受和认可。柔

性语言往往具有规劝或协商的口吻，它传递的内容常常具有尊重、体贴、关怀等感情色彩。因而，易于让人接受和执行，如此一来，说话的目的也就达到了。所以在待人处世的过程中，我们可以多用委婉的语气、柔性的语言，即使在不得不使用命令语气的情况下，也要尽量使之具有丰富的感情色彩，使人心悦诚服地接受和采纳。

不好听的话要巧妙地说

身为女人，本身就具有语言的优势，因此，在处理人际关系上，女人要学会把自己的语言包装成功，这样不但可以建立良好的人缘，还可以为自己将来的事业奠定坚实的基础。

沟通，离不开语言这个有力的工具，熟练掌握职场的语言艺术，有助于你获得好的人缘，而好人缘是你走向成功之路的关键因素。在职场上，我们每天都要跟同事、领导说话，要说什么，如何说，哪种话该说，哪种话不该说，哪种话不能多说，都有“讲究”。在职场上，说话是一门艺术，不少时候，有的人吃亏就是由于没想好如何说话。

从前，一位皇帝梦见自己所有的牙齿都掉了，他吓出了一身冷汗，立即找来一个解梦家，问他这个梦是不是暗含着什么意思或者预示着将来要发生什么事情。

“唉，陛下，很不幸地告诉您，”解梦家说道，“每一颗掉落的牙齿，都代表着您的一个亲人的死亡！”

“什么？你这个胡说八道的家伙，”皇帝愤怒地对着他大喊，“你竟敢对我说这种不吉利的话，给我滚出去！”皇帝下令道，“来人啊！把这个家伙拉出去砍了！”

不久，另一个解梦家被传召来了，他耐心地听完皇帝讲述的梦境，脸上露出了一抹微笑，说道：“陛下，我很荣幸能为您解梦，您真是洪福齐天！您将活得比所有的亲人都要长久！”

皇帝听后，立即眉开眼笑，说：“你的解梦之术实在高明啊！”然后，又安排侍从盛情款待他，临走时还赏赐给他 50 个金币。

在一旁的侍从私下问这位解梦人：“就我听来，你的解释和第一个解梦人说的不都是同一个意思吗？恕我直言，我并不觉得你有什么高明之处。”

那个聪明的解梦人狡黠地答道：“你说得不错，不是我的解梦术高明，而是我说话比别人稍稍高明了一些。话有很多种说法，问题就在于你怎样去说。”

由此可见，在我们日常工作与生活当中，不要不讲究技巧就直截了当地指出别人的不足之处。要懂得，同样的意思用不同的方式、不同的语言表达，会产生不同的效果。如何既巧妙地表达出自己的意思又不伤害到对方，就需要注意我们的说话技巧。

王玉如今在一家计算机公司当高级程序员。她之所以从以

前的公司离职，主要是由于她在同事面前说了太多抱怨老板的话，后来这些话传到老板的耳朵里，老板就处处为难她、排挤她。有一次，老板故意交给王玉一项难度很大的任务，还跟她事先声明："这件事难度较大，假如你感到没有太大把握，我可以安排别人去完成。"王玉清楚自己的实力，因此对自己狠心地一咬牙就接受了。结果，老板给的期限太短，王玉确实无法按时完成这项任务。因为这件事她遭到了老板严厉的批评，并受到了相应的处罚。

她感到十分委屈也非常气愤。王玉认为："老板太过分，在这样短的时间里让我一个人做那么难的活儿，他明明预料到我做不了却非要让我做，没做完就对我重罚。"事后，王玉跟身边同事一直抱怨老板。结果没过多久，老板再次给她分派新的任务，还好，这一次她做得很顺手，出色地完成了任务。

正当王玉对自己的表现扬扬得意之时，老板又把一项难度更大的工作任务交给她，并说："在公司我是老板，下属只能服从，不允许抱怨。我不养白吃饭的人，如果适应不了就走人。你这次再完不成任务，我想你就要考虑是否该换一份适合自己的新工作了。"

不得已之下，王玉只有选择辞职。

可能我们会觉得王玉很冤，然而我们不妨从另一个角度来思考：第一次的任务，当王玉明知仅凭一己之力确实无法完成时，就应该坦诚地向老板说出来，并且向老板推荐更能胜任此项工作的人选。倘若抱着侥幸心理接受老板交给的任务，并不切实际地希望能够出现“奇迹”，抱着这样一种工作心态原本就是错误的。其实，正是因为她在办公室口不择言，说出了对老板的不满，导致最终她在老板眼里的形象大打折扣。

学会说话，善于沟通，是一个当代女性必备的本领。假如你懂得将这种本领充分融会贯通、得心应手地运用在你的生活与工作之中，就会发现，原来你也是颇受他人欢迎的人。更为奇妙的是，从此以后，原来让你感到束手无策的诸多问题，很容易地就可以得到他人的热心相助，你的生活将处处充满灿烂的阳光，事业更加顺心如愿。

失言时的机智弥补

在生活中，我们常常出现说话出错的时候，有时会出现这样那样的口误。在这个时候，就要不失常态，做恰当的补救，而不是手足无措或者任其错下去。

一般而言，说错了话，做错了事，应当老老实实承认，认认真真改正。知错就改，善莫大焉。说错了话，就要及时想办法改正，这样才不至于一错再错，将双方的关系弄得越发疏远了。

在日常生活中，不慎失言之处并不少见，这就需要我们时常注意，以便及时发现并机敏地弥补或化解。

在一次电视台主持人招聘面试中，考官问一个前去面试的女孩："三纲五常中的'三纲'指什么？"这个女孩回答道："臣为君纲，子为父纲，妻为夫纲。"没想到她出口太快，刚好把三者的关系颠倒了，引起哄堂大笑。可她镇定自如，幽默地说："我指的是新'三纲'，我们国家人民当家做主，领导成为人民的公仆，当然是'臣为君纲'；鼓励生育政策有了大量的'小

皇帝’，这是‘子为父纲’；如今，妻子的权利逐渐升级，‘模范丈夫’的流行，这是‘妻为夫纲’。”

女孩机敏幽默的回答显示了她的口才与智慧，显示了她竞争的实力，最终她顺利通过了面试。

只要在发现失言之后，及时想办法弥补，或者道歉，或者机智地化解，或者将错就错，摆脱窘境，失言所带来的负面影响就可以大而化小，小而化无了。这样，我们才不会因为一点失言而自设障碍，给自己平添不必要的麻烦。

讨巧的说话方式

在人际交往中，说话的艺术性体现在：尽管人人都会，然而效果却大不一样。有句话叫“不会说话得罪人，不会烧香得罪神”。许多人之所以不受别人喜欢，就是因为不管对方是什么人，想说什么就说什么，结果闹出一些矛盾和是非，不仅得罪了人，而且在很多方面也为自己带来了不利的影响。

老王很不会说话，经常得罪领导而不自知。有一次，领导乔迁新居，请大家去“暖窝”。到了领导家里，大家围着领导夫人，这个说“嫂子真年轻”，那个说“嫂子穿得好时尚”，老王却说：“嫂子，我给你推荐一款特效减肥药吧……”领导夫人听后，狠狠地白了他一眼。

类似的事情很多，因此当时与他一起参加工作的同事，要么被提拔，要么被重用，只有老王还是一个“大头兵”。单位里有好心人奉劝老王，说：“你这个人啊什么都好，就是这张嘴容易得罪人。”

由此可见，说话作为人们最简单、最直接的表达方式，它的重要性不言而喻。

人生当中不可避免地要与各种各样的人交往，人际关系的好坏往往会决定一个人的命运。在与别人交往的时候，善于运用一些语言技巧，学会察言观色，不仅可以轻松改善人际关系，也能让自己受到更多人的欢迎。

有这样一对师徒，徒弟跟着师父学艺 3 个月后，这天正式上岗。

他给第一位顾客理完发，顾客照照镜子说："头发怎么理得这么长？"徒弟尴尬地说不出话。

师父在一旁笑着解释："头发长，使您显得含蓄，这叫藏而不露，很符合您的身份。"顾客听罢，高兴而去。

徒弟给第二位顾客理完发，顾客照照镜子说："头发怎么剪得这么短？"徒弟手足无措，不知说什么好。

师父笑着解释："头发短，让您显得精神、朴实、厚道，让人感到亲切。"顾客听了，欣喜而去。

徒弟给第三位顾客理完发，顾客一边交钱一边不满地说："怎么剪了这么长时间，手艺不行吧？"徒弟无言以对，脸憋得通红。

师父笑着解释："为'首脑'多花点时间很有必要，您没听说：进门苍头秀士，出门白面书生？"顾客听罢，大笑而去。

徒弟给第四位顾客理完发，顾客一边付款一边嘟囔着说：“动作挺利索，这么短的时间就理完了，没认真理吧？”徒弟不知所措，还是不语。

师父笑着说：“如今，时间就是金钱，理得快，为您节省时间，您何乐而不为？”顾客听了，欢笑告辞。

徒弟委屈地说：“师父，我好像每次做得都有错，可为什么经您一说，又都是对的呢？”

师父宽厚地笑道：“要找准切入点。”

是的，每位顾客都有不同的心理，要想赢得顾客的心，就要找对切入点，对症下药，那么每位顾客呈现给你的都将是满意的微笑。

在人际交往中面对的人和事是多种多样的，这就需要我们学会在不同的环境中，对不同的人、不同的事采取不同的方式，说不同的话但是要想把话说得既得体又不失分寸，除了提高自己的文化素养和思想修养外，还必须掌握一些言语交际中针对人们的普遍心理而采用的说话技巧。那么，在人际交往中，人与人交谈需要注意哪些问题？什么该说，什么不该说？又该怎样避免“祸从口出”？就让我们来看看交际达人总结出来的说话技巧吧。

说话时要认清自己的身份，谈话要有的放矢。任何人在任何场合说话，都有自己特定的身份。这种身份，也就是自己当

时的“角色地位”。比如，在自己家庭里，对子女来说你是父亲或母亲，对父母来说你又成了儿子或女儿。如用对小孩子说话的语气对老人或长辈说话就不合适了，因为这是不礼貌的，是有失分寸的。

应善于运用礼貌语言。礼貌是对他人尊重的情感的外露，是谈话双方心心相印的导线。人们对礼貌的感知十分敏锐。有时，即使是一个简单的“您”“请”等字眼，都可以让他人感到温暖和亲切。

说话要有善意。所谓善意，也就是与人为善。说话的目的就是要让对方了解自己的思想和感情。“忠言不必逆耳，良药不必苦口”，这是聪明人在人际交往中奉行的原则。俗话说：“良言一句三冬暖，恶语伤人六月寒。”在人际交往中，如果把握好这个分寸，那么，你也就掌握了礼貌说话的真谛。

说话要尽量客观。这里说的客观，就是尊重事实。事实是怎么样就怎么样，应该实事求是地反映客观实际。有些人喜欢主观臆测，信口开河，这样往往会把事情办糟。当然，客观地反映实际，也应视场合、对象，要注意表达方式。

要耐心地倾听谈话，并表示出兴趣；不要随便插嘴，打断别人的话。谈话时，应善于运用自己的姿态、表情和感叹词。一个有经验的谈话者总是使自己的声调、音量、节奏与对方相称，就连坐的姿势也会给对方在心理上有相容之感。

不要忘记谈话的目的。谈话的目的通常有这样几点：劝告对方改正某个缺点，向对方请教某个问题，要求对方完成某项任务，了解对方对工作的意见，熟悉对方的心理特点，等等。一个善于交往的人，一定不是个说话时不知所云、东拉西扯、离题万里的人。

不要憨言直语。要广纳各方面的意见，不要只凭自己的一时冲动，说出冒犯对方的话。当需要指出别人的错误时，应婉转曲折地表达自己的意见和建议。只有言辞委婉得体，才能融洽感情，办成事情。

适度的赞美。适度的赞美具有一种魔力，能够缩短与他人的距离。赞美他人应让被赞美之人感觉到是发自内心的、真诚的，而不是应付式的恭维、阿谀、拍马屁。

谈话时不要总自己讲，应让别人有机会讲话。人们最关心的是自己的事情，因此，要多问对方乐于回答的问题，鼓励他们谈论自己以及自己的成就。

“口有遮拦”，不该说的就别说

俗语说：“良言一句三冬暖，恶语一出六月寒。”所以，做人做事不要轻易说出冷言恶语刺伤他人。舌头是善恶的根源。因此要如同对待珍宝一样慎重地使用自己的舌头。在平日与人相处中，注意自己的言行，就是对他人的尊重和友爱。

一位樵夫救了一只小熊，母熊对他感激不尽。有一天，樵夫在森林中迷了路，恰巧来到了熊窝，母熊安排了他的住宿，还拿出丰盛的晚餐款待了他。第二天早上，樵夫告辞时，对母熊说：“谢谢你热情的招待，但是我唯一不满意的就是你身上的那股臭味儿。”

母熊心里非常不高兴，但还是不动声色地说：“作为补偿，你用斧子砍我一下吧。”樵夫听了母熊的话，真的拿斧子砍了母熊一下。

几年之后，樵夫在森林中遇到了母熊。打了招呼之后，樵夫便问及它身上的伤好了没有。母熊说：“哦，那次受伤疼了一

阵子，伤口愈合之后我就忘了。不过，那次您说过的话，我一辈子也忘不了。”

由此可见，语言的伤害超过了肉体的伤害，因为它刺伤的是心，是灵魂。肉体上的伤害是“好了伤疤忘了疼”，而心灵的伤害却是难以忘却的。冷言恶语的伤害可以直捣人的心灵深处。

在我们的生活中有这样一种人，他们无论是在大事小事上都喜欢逞能，处处表现自我，认为自己什么都会，因此对待任何事和人都持藐视、批判的态度。他们的逞强显能，往往给自己带来重大损失，不仅增加了与其他人之间的矛盾，也为自己带来一大堆的麻烦，成为不受欢迎的人。

我们总是只顾逞一时的口舌之快，这样就有意无意地给他人造成了伤害。有时一句侮辱性的语言完全有可能把深厚的友情葬送掉。

其实，有许多语言伤害原本可以避免，只要我们学会礼让，友好的礼让并不是怯懦，而是把无谓的攻击降到零。

在工作中，指出他人的错误、批评他人的时候，更应该注意语言的艺术。

小李被叫到了主管办公室，她已料到不会有什么好事情发生，因为主管的脾气她知道得一清二楚。果然这次又和从前一样，主管对她吼道：“这份计划书你是怎么写的？我用脚指头都能做的事情，你竟然做得这么糟！”

“可是大家都说很好啊！”小李不服气地说。

“还说好？是哪个饭桶说这份计划书写得好？真不知道你有没有头脑，连这样的小事都做成这样，只会狡辩，可惜了公司的薪水！”

“如果你真的觉得我像你说的那样的话，我辞职好了，所有的计划书都由你自己写！”说完，小李摔门而去，留下一脸惊愕的主管。

如果一个管理者在工作中经常用这样的语气批评他人，那不管他的能力有多大，都是不称职的。即使员工们不像小李那样摔门而去，而是耐着性子听他把话讲完，然后再默默地退出去，那么接下来的工作也会是一件令人十分不快的事情。你能保证你的员工会完全按照你的意思去做吗？你能保证他在背地里没有抵触情绪和做出反抗的行为吗？

因此，不管你做什么事，都要给自己和别人留一点余地，不要为逞一时的口舌之能而把别人往死角逼。在有些情况下，言语的伤害是极大的，而这种创伤比肉体的创伤更难于医治。如果你在为人处世方面奉行“得理不饶人”的信条，那么你只会越来越孤独，越来越失败，越来越无助，最终只会落得个孤家寡人、形单影只的下场。

展示好口才也要分场合

在人际交往中，我们还经常见到这样一种人：他们反应快，口才好，心思灵敏，善于抓住对方语言上的漏洞，无理也能搅三分，不把对方辩输不罢口。

这种才能用在辩论会上、谈判桌上，也许可以大显身手，为己方争取最大的利益。但在日常生活和工作场合中，这种攻势凌厉的辩才却并不受人们欢迎，很多时候它还会带来无谓的伤害和损失。日常生活和工作场合并不是你显露口才、争强好胜的环境。

有口才不是坏事，但倘若运用不当，随处乱用，那就像拿着一把大刀到处耀武扬威，找人砍杀一样，其结果只能是处处树敌，害得自己寸步难行。

有这么一个故事：

希腊寓言家伊索年轻时在贵族家当奴仆。有一次，主人设宴，广请宾客，来者多是哲学家。主人让伊索备办最好的酒菜待客。于是，伊索专门收集了各种动物的舌头，办了个舌头宴。

开餐时，主人大吃一惊，问道："这是怎么回事？"

伊索答道："您吩咐我为这些尊贵的客人办最好的菜，对于这些哲学家来说，各种学问都是通过舌头表达出来的，因此舌头宴不正是最好的菜吗？"

客人闻之，发出赞赏的笑声。

主人又吩咐伊索说："那我明天要再办一次酒席，菜要最坏的。"

次日，开席上菜时，依然是各种动物的舌头。主人见状大怒。

伊索却不慌不忙地回答："难道一切坏事不都是从口中出来的吗？舌头既是最好的，也是最坏的东西啊！"

主人听后，说不出话来。

因此，为了让我们更好地运用口才，在不伤害他人的情况下要明确地表达自己的意思。我们平日里说话应该注意以下几点：

好的口才是用来与人沟通交流、说明事理或者辩论、谈判用的，不是用来与人"断杀"的。

不与他人开过火的玩笑。朋友、同事之间彼此开开玩笑，活跃气氛，原本无伤大雅。玩笑开得适当，有时还可以拉近彼此的距离。但开玩笑应有分寸。因开玩笑过火而伤害了他人的面子、自尊心的情况时有发生。要想避免这种情况，就不要习惯于随时随地开人玩笑，如果要开，就务必先打过腹稿，过滤一遍“杂质”，然后再让其脱口而出。

在有人质疑你，需要维护自己的观点时，也要点到为止，不要逼人太甚。即便道理在你这边也要宽宏大量，不要与人过多计较，更不要逞强地与人争吵。也就是说，既要维护自己的观点，也要维护对方的面子。

如果自己的观点有错，就要勇于认错，不要与人争辩，更不要采取诡辩的方法。否则，就算你口头上争赢了，你也是输家，因为你的形象在对方的心目中已经被毁坏了，对方也对你不会有任何好感。

争论时要给他人留面子

在社交场合有时说什么并不重要，重要的是怎么说，你的表情、口气、声调都影响着别人对你的看法。一个拥有良好人际关系的人必是一个谦虚有礼、懂得收敛和尊重他人的人，他们和蔼可亲、言语恭敬，即使面对不同的意见也能友善地去包容，因为他们知道那就像悄无声息的灯光一样，远比大声喧哗和力气过人更有影响力、更有成效。

生活中，我们往往被事情的表象所蒙蔽，嘲笑别人的愚钝，殊不知，愚钝的背后是一种真正的智慧。即使对方错了，我们也应该给人家保留面子。在生活中应该学会如何给别人一个台阶，咄咄逼人并不会使别人觉得你有才华，只会让人觉得你缺少修养。

古语讲："君子藏器于身，待时而动。"做人必须时时反省自己的性格弱点。要知道贬损他人并不能抬高你的身价，反而会让别人对你嗤之以鼻，会为你树立更多敌人，因为你的做事方法实在让人生厌。

有这样一则看似滑稽的故事：

有一天，一位智者遇到两个人，不知道他们因为何事争得面红耳赤，唾沫横飞。经过询问得知，他们是为了一道算术题，胖人说三乘以七等于二十一，瘦人的坚持说三乘以七等于二十二，各持己见，争论不休。

最后，二人请智者对他们的看法做个裁定，智者竟然叫认为三乘以七等于二十一的人将赌赢的钱币交给认为三乘以七等于二十二的人。这个人拿着对方的钱币走了。

面对如此裁决，输钱的人气愤地说："三七二十一，这是连小孩子都知道的真理，你是智者，却认为三乘以七等于二十二，看样子也是徒有虚名呀！"

智者笑道："你说的没错，三乘以七等于二十一是小孩子都不争论的真理，你坚持真理就行了，干吗还要与一个根本就不值得与其认真的人讨论这种不用讨论也再明显不过的问题呢？"

他似有所悟，智者拍拍他的肩膀，说道："那个人虽然得到了你的钱币，但他却得到一生的错误；你是失去了钱币，但得到了深刻的教训！"

有时候对于大家都知晓的真理，我们没必要太过计较，真理不会因为某个人的观点而改变。当自己的意见不被别人接受时，我们完全可以心平气和地保留各自的意见，用不着大吵大

闹，态度生硬，甚至伤害别人。我们能做的就是不受别人的影响，始终坚持真理。

本杰明·富兰克林说："如果你与人争论和提出异议，有时也可取胜，但这是毫无意义的胜利，因为你永远也不能争得对手对你的友善态度。"真正有智慧、有修养的人是不会轻易跟别人争吵去抢占上风的，因为这样做根本不值得。因此，对于一些很明显的道理，不要在意别人近乎荒唐滑稽的观点，偶尔装装迷糊，有时反而是最好的答案。

在社交中，谁都可能不小心出现小失误，比如念了错别字，讲了外行话，记错了对方的姓名、职务，礼节有些失当，等等。懂得说话的人如发现对方出现这类情况时，只要是无关大局，就不会对此大加张扬，如果故意搞得人人皆知，那本来已被忽视了的小过失，一下子就会变得显眼起来。这样不仅会使对方难堪，伤害其自尊心，惹其反感或报复，而且也会损害自己的社交形象，容易使别人在今后的交往中敬而远之，产生戒心。

那么，要使不同的意见不致演变为争论，下面的建议或许对你是有帮助的。

（1）欢迎不同的意见。记住这句话："当两个伙伴意见总是相同的时候，其中之一就不需要了。"如果有些地方你没有想到，而有人提出来的话，你应该衷心感谢。不同的意见可以让你避免重大错误。

（2）不要相信你的直觉。当有人提出不同意见的时候，你第一个自然的反应是自卫。你要慎重，要保持平静，并且小心你的直觉反应。

（3）耐心倾听。让你的反对者有说话的机会，让他把话说完，不要抗拒或争辩，否则，只会增加彼此沟通的障碍。努力建立理解的桥梁，不要再加深误解。

（4）寻找同意的地方。在你听完了反对者的话以后，首先去思考你同意的意见。

（5）仔细考虑反对者的意见。有时反对者所提出的意见，可能是你对这件事没有想到周全之处，也许是一个很大的漏洞，所以当反对者提出对事情的反对理由时，请你认真考虑。

（6）为反对者关心你的事情而真诚地感谢他们。任何肯花时间表达不同意见的人，必然和你一样对同一件事情很关心。把他们当作真心帮助你的人，或许就可以把你的反对者转变为你的朋友。

别把话说得太绝对

为人且说三分话，未可全抛一片心。在职场上、生活中的女性应该注意把握说话的尺度，不把话说得太绝，以免出现“自打嘴巴”的尴尬局面。

经理把一项采购任务交给一位员工，这项采购工作有相当的难度，经理问她：“有没有问题？”她回答说：“没问题，一定出色完成！”过了三天，没有任何动静。经理问她进度如何，她才老实说：“没有想象中那么简单！”虽然经理同意她继续努力，但工作的进度远远低于经理的要求和目标，经理对她的印象也因此大打折扣。

王帅最近和同事闹得不愉快，气愤万分的他对同事说：“从今天起，我们断绝所有关系，彼此毫无瓜葛……”

说完这话还不到两个月，他的同事成为他的上司，王帅因为自己讲过太多绝对的话，最终只好辞职了。

言多必失。在交谈中，你把话说得过满，就会把所有信息展现给他人，自露不足。

一个年轻人想去大发明家爱迪生的实验室里工作，爱迪生接待了他。这个年轻人为表达自己的雄心壮志，说："我一定会发明出一种万能溶液，它可以溶解一切物品。"爱迪生便问他："那么你想用什么器皿来放这种万能溶液呢？它不是可以溶解一切吗？"

年轻人正是把话说绝了，陷入了自相矛盾的境地。如果把"一切"换为"大部分"，爱迪生便不会反驳他了。

把话说得太绝对就像在杯子里倒满了水，再也滴不进一滴水，再滴进去水就溢出来了；也像把气球灌饱了气，再也灌不进一丝丝的空气，再灌就要爆炸了。当然，也有人话说得很绝对，而且也做得到。不过凡事总有意外，使得事情产生变化，而这些意外并不是人能预料的，话不要说得太绝对，就是为了容纳这个"意外"。说话留有空间，便不会因为意外的出现而下不了台。

我们做人时应该注意以下方面：

（1）与人交恶时，出言要谨慎，不要说出"势不两立"之类的话。不管谁对谁错，最好是闭口不言，以便他日需要携手合作时还有"面子"。

（2）对人不要太早下评断，像"这个人完蛋了""这个人一辈子没出息"之类属于盖棺论定的话最好不要说。人一辈子很长，

变化很多，不要一下子评断“这个人前途无量”或“这个人能力不行”。

当然，有时把话说得绝对也有实际的需要，但除非必要，否则还是保留一定空间给自己的好，既不会得罪人，也不会让自己陷入被动的困境中。

不要吝啬你的赞美

感受过赞美的人们都知道，赞美是这个世界上最美妙的声音，它让我们心情愉悦，让我们找到了肯定。

外国现代热门歌曲作曲家史蒂夫·莫里斯少年时眼睛不好。一次学校实验室的老鼠从笼里逃了出来，老师和同学找来找去都找不到，史蒂夫·莫里斯叫大家静一静之后，给老师指出了老鼠躲藏的地方。老师由此发现他听声辨位的敏锐听力与音觉，大加赞赏，并鼓励他发挥独特的优势，主攻歌唱。这位老师对史蒂夫的认可，开启了他崭新的人生之路。自 1970 年起，史蒂夫·莫里斯便以“史蒂夫·旺德”之名扬名全世界，如今他依然是顶尖的热门歌曲歌星与作曲家。

因此，一名成功的职场女性，一定要对你的下属或员工多加赞美。福特汽车公司前总裁皮特森说：“作为管理者，每天最重要的十分钟，就是你花在鼓励员工方面的时间。”员工的潜能得到充分发挥了，团体的事业就必定更加成功。赞美可以提高

员工的积极性，增强员工的自信心。每个人的成长、成功都需要赞美，赞美就是给员工机会锻炼以及证明自己的实力。在每一天的工作、生活中，一个温暖的言行、一道期待的目光、一句激励的评语，都会极大地激发员工的上进心，甚至可能会改变一个员工对工作、对人生的态度。在赞美的作用下，员工能够更加清楚地认识到自己的潜力，不断发展出各种新能力，为你的企业创造更好的效益。

怎样赞美他人，也是讲究原则的，不得当的赞美反而会引起他人的不快与误解。所以，在你准备赞美他人时，一定要遵循以下原则：

（1）要有真实的情感体验。这种情感体验包括对对方的情感感受和自己的真实情感体验，要有发自内心的真情实感，这样的赞美才不会给人虚假和牵强的感觉。带有情感体验的赞美不仅能体现人际交往中良好的互动关系，还能表达出自己内心的美好感受，对方也能够感受到你对他真切的关怀。

（2）要符合当时的特定场景。话不在多在于精，通常在某些特定场合下，只需说一句就够了。

（3）用词要得当。关注对方的身心状态是很重要的一个过程，假如对方恰逢情绪极度低落，或者有其他很不开心的事情，过分的赞美就会让对方感觉不真实，因此要注重对方的真实感受。

（4）“凭你自己的感觉”是一个好方法。人人都有灵敏的感觉，也能感受到对方的感觉。要相信自己的感觉，恰当地把这种感觉运用在赞美中。假如我们既了解自己的内心世界，又懂得经常去赞美他人，那么我们的人际交往一定会越来越顺畅和美。

学会委婉地说“不”

做事要懂得巧妙地拒绝他人的诀窍。运用“艺术”的拒绝方式，既能让自己打破窘境，也不会让对方太难堪。

波兰著名钢琴家肖邦有一次要在巴黎举行一场盛大的演奏会。有一位贵妇因为没有买到票而向肖邦求援。肖邦手中也没有票，而且肖邦也不愿意给主办方添麻烦，但他又不能直接拒绝这位贵妇。他答道：“遗憾得很，我手上一张票也没有。不过，在大厅里我有一个座位，如果您高兴……”贵妇非常兴奋地问道：“这个位置在哪儿？”肖邦说：“不难找，就在钢琴后面。”这个座位正是肖邦演奏的时候要坐的，贵妇听罢只好失望地走了。肖邦拒绝得既幽默又得体，让对方从心理上觉得受到了尊重，既不觉得颜面扫地，又自然地接受了他的拒绝。

人们碍于面子，拒绝的话不好正面说出口，如果装作自言自语地说出心中的想法，对方便会识趣而退。

杂货铺的刘老板听说镇长的儿子小辉想跟他借钱，心中明白这钱只要借出去，就不可能收回来，但得罪了镇长，以后的生意就不好做了。一天，他看见小辉正朝他店里走来，他立即背转了身，待到小辉走近时，他一边叹气一边自言自语："唉，这一批货款人家非要求一次性还清，我如何才能凑齐这笔钱呢？应该找小辉想办法，他爸爸是镇长，借点钱肯定没有问题。"小辉一听，明白自己找错了人，也只好不提钱的事了。

现实生活中，人们总是会遇到需要拒绝别人的时候。尽管你真的很想帮助别人，但是也必须遵循量力而行的原则。要是你对对方求助的事自知力不能及还要勉强答应，这样勉为其难，不仅会给自己带来种种麻烦和苦恼，还会因无法把事情办到、做好，而使对方从满怀希望到大失所望，甚至耽误了对方的时间，使对方恼怒。

但他人有求于你时，你必须有自知之明，力所不能及的事一定要果断、诚实地加以拒绝。这不仅可以免于给自己造成麻烦，而且也是对他人负责的态度，可以让对方另想方法解决，而不耽误他人的时间。

拒绝要讲究艺术，这样才能不给人家泼"一盆冷水"，也能让对方懂得你的意思。说话讲究技巧，拒绝同样讲究技巧。

（1）当对方提出要求时，如果不能直接拒绝，你不妨试着用暗示的方法来拒绝。

（2）对于比较不好拒绝的人物，你可以婉言陈述自己的现

状，当对方获知情况后，再转守为攻，令对方知难而退。这是一种避免正面冲突的方法。

（3）谁也不愿意开口向别人请求帮助，如果对方开口，就一定有他找你的原因。如果你轻易地予以拒绝，会使自己失去帮助别人、获得友谊的机会；也许他请求的事情你帮不上忙，你可以用另一个替代的方法去帮助他，如此一来，你虽然拒绝了他原来的请求，他还是会感谢你。

（4）不要断然拒绝，要用笑容拒绝。在生气的时候，断然拒绝别人的请求，常会因“口不择言”而伤害对方。在拒绝的时候，要面带微笑，态度庄重，使对方感到你对他的尊重和礼貌。如此一来，对方即使被拒绝也会欣然接受。

（5）给自己留下回旋的余地。有些问题还不明朗，需要进一步了解事实的真相，或者看看事态的发展以及周围形势的变化，方可做出决定。草率地答应他人，不给自己留下余地，如果反悔，不仅影响自己的威信和声誉，也会因此对人际关系造成损失。所以说，当我们面对不确定的问题时，应该使用“尽力而为”“尽最大努力”“尽可能”等有较大灵活性的字眼，给自己留下一定的回旋余地。

（6）给对方一点希望之光。要求你解决或者答复问题的人，内心是对你寄予着厚望的，希望事情能够如愿以偿，圆满解决。如果突然遭到生硬的拒绝，对方很可能会失望或者悲伤，心理上也很难平衡。这个时候千万不要把话说死，不妨说："这件事情比较棘手，让我想想再说。"既给自己留下了回旋的余地，又使对方不至于感到绝望。

所以，拒绝别人一定要巧妙，有"心机"，这样，既可以使你不至于勉为其难，又不会让对方陷入尴尬。

给面子，留台阶

在社会交际场合，每个人都希望展现在众人面前的是完美的自己，因此都格外注意自己的社交形象的塑造，都会比平时表现出更为强烈的自尊心和虚荣心。能适时地为陷入尴尬境地的对方提供一个恰当的“台阶”，这是聪明人的处世原则。这不仅能使你获取对方的好感，而且也有助于你树立良好的社交形象。

人生经验丰富的人，在自己实力雄厚、有绝对把握取胜的情况下，往往会让对方也赢上一两局，这样自己取得了总体上的胜利，对方失败了也不失面子，正可谓双赢局面，大家和气收场。俗语有云：“今日留一线，日后好相见。”这样一来，对方也会心存感激，不打不相识，日后双方的关系会更进一层，有什么事情也会互相照应。

其实，作为人际交往活动，主要目的还是交流感情，增进信任。即便是利益性的竞争，我们也是执着于胜利，最好考虑到如何“双赢”，自己获取了较大利益的同时，也要让对方分一杯羹，为日后大家见面、做事的时候留出余地。

那么，怎样才能让对方不失面子，出现双赢的局面呢？为对方提供一个“台阶”是一个比较好的办法。当然，也要用些心思，做得巧妙，以免好心办坏事，弄得对方更尴尬。

小艾是某公司的报关员，是个聪明的女孩子。她脑子转得快、言辞犀利，并且还具有幽默细胞，是公司的一颗“开心果”。可是这么优秀的小艾，在公司里却得不到老板的青睐。

小艾工作相当努力，有时为了赶时间，一大清早就要赶到海关报关。满身疲惫地回到办公室后，老板不但不体谅她，反而还不分青红皂白地说她迟到、旷工，不管小艾怎样解释都不行。小艾委屈极了，就向有经验的人求教。有经验的人问她：“你平时说话时是否没有给老板留面子啊？”

这么一问，小艾就想起了以前的事情，自己平时就爱与同事开玩笑，后来看到老板斯斯文文，对公司里的员工总是笑眯眯的，胆子一大，就开起了老板的玩笑。有一天，老板一身簇新的衣服来上班，灰西装、灰衬衫、灰裤子、灰领带。小艾夸张地大叫一声：“老板，今天穿新衣服了！”老板听了咧嘴一笑，还未来得及品味喜悦的感觉，小艾就又接着说了一句让老板十分不爱听的话：“像只灰耗子！”

又有一天，客户来找老板签字，连连夸奖老板：“您的签名

可真气派！”这时，小艾正好走进办公室，听了之后便是一阵坏笑：“能不气派吗？我们老板暗地里练习了三个月呢？”小艾这句话说出口之后，老板和客户便同时陷入了尴尬的局面。

小艾这样毫无顾忌地揭老板的短，开过分的玩笑，久而久之就破坏了她在老板心目中的形象，小艾对此却浑然不觉，就算她再聪明能干，还是得不到重用。

我们在做人做事时善于替对方考虑，一个适时而又恰当的“台阶”，能够让对方不失尊严和面子。

如果说人际交往中为对方留下“台阶”，而赢得对方的好感和感激，不至于让其怀恨在心的话，那么在竞争场合给对手留下退路，就显得更为重要了。

人生和事业上的竞争对手，是一个人取得巨大进步的必不可少的强大力量。对手会给我们带来数不尽的挑战，也许你会厌恶这些挑战，但正是这些挑战才促使我们变得强大，事业才会走向辉煌。

竞争对手之间可以拼个十二分的激烈，却不能拼个你死我活。不管胜负如何，以后还是会有多次的竞争出现。你若给竞争对手留下退路，放他一马，他自会心存感激，希望能有机会给予回报。再相遇时，若是自己失手或败退的时候，他自然也会放你一马，留条退路或搭把援手，以报你上次的恩德。与其每一次大家都做冤家仇人，不如彼此宽容大度，以减少损失，

共同开拓更大的市场。

你怎样对待别人，别人就会怎样对待你。这一条人际交往中的黄金定律，在任何场合都适用。宽容别人，别人就会宽容你；给对方留下台阶，对方便会给你留下台阶，甚至搭桥铺路。

给别人足够的尊严，可以使你的人生道路更加平坦。

幽默是调节气氛的鸡尾酒

幽默是语言的作料、智慧的火花、高雅的情趣，是卓越语言艺术的重要特征，具有美妙而传神的魅力。许多语言大师都将幽默作为自己语言艺术的目标去追求。现代社会，幽默不仅为文艺领域所追求，而且渗透到社会的各个层面，日益被人们当作一种基本素质来追求。

幽默在很多的时候是精神的调节剂，是在社交场上最好用的钥匙。如果我们能巧妙地运用幽默，便能使得人际关系更加和谐融洽，得到他人的赞赏与钦佩。更重要的是，幽默还可以帮助我们摆脱尴尬，体现自己的高素质。

在一次婚宴上，新郎和新娘给来宾敬酒。由于众人的推挤，新娘不小心把啤酒倒在了一位贵宾的头上，而这位贵宾因为头发非常稀疏就理了个光头。新娘子十分尴尬，不知如何是好，其他客人也都手足无措，大家以为这位贵宾肯定会发火。

但是，那位贵宾并没有恼怒，而是笑呵呵地对新娘说：“新娘子，婚礼上的啤酒是不是能够治疗脱发啊？”众人听后哄堂大笑，新娘也开心地笑了。

俄国文学家契诃夫说：“不懂得开玩笑的人，是没有希望的人。”可见，生活中的每个人都应当学会幽默。生活中那些具有幽默感的人，能轻松自如地处理人与人之间的矛盾，会使人感到愉快，和谐友好。如果你是个具有幽默感的人，你会更好地获得人缘。

幽默是社交活动中不可缺少的润滑剂，是人们在社交场合中所穿的“最漂亮的服饰”，它能使陌生人变成朋友，给你的人际关系锦上添花，也能使尴尬的场面变得烟消云散、恰如当初。

幽默，一般分为表情幽默、动作幽默、语言幽默。在社交活动中，不失时机地幽默一下，有时可以解除对方的难堪，也可以使尴尬的局面得以缓和。

在社交中，运用幽默可以让你成功地走出困境。幽默，能够化腐朽为神奇，化烦恼为乐趣，可以获得非比寻常的情趣。幽默虽好，但不能乱用，要掌握一定的技巧。

幽默，还要分场合。同事正在工作，你却不知忙闲地开玩笑，不是等着遭白眼吗？在严肃的会场，你无所顾忌地幽默，不是招领导批评、遭同事反感吗？

与同事相处，适当地开开同事的玩笑，可以起到融洽关系的作用，同时不妨也开开自己的玩笑。开自己的玩笑正是因为

尊重别人，很容易赢得朋友的真诚相待。开自己的玩笑，就把自己放在了与同事平等的位置上，平添了几分亲近感，更容易与同事打成一片。

幽默要分场合、分人物。跟同事、朋友在一起时，可以了解一下他们的性格，有些人是不喜欢开玩笑的，有些人开开玩笑也没关系。开玩笑时不能过度，能把握尺度是最好的。

幽默是一种良好的修养，一种充满魅力的交际技巧。幽默能营造宽松和谐的交谈气氛，能使自己轻松洒脱、笑口常开，幽默的话有时还能有效地维护自己的尊严。

幽默是轻松中露出的深刻，是社会关系的调和剂。一个幽默的表现，不但能够化解紧张气氛，还能让你在众人当中脱颖而出，受到他人的欢迎。

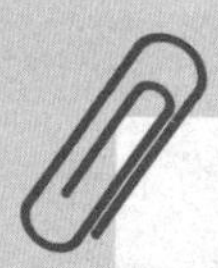

女人高情商话术

当别人夸你酒量好时

一般女性：一般一般，哪有你说的那么好。

聪明女性：酒量好不好，得看跟谁喝，今天跟您喝，心情好，就多贪了两杯。

当客户说“你们的产品太贵了”时

一般女性：一分钱一分货，您不能只看价格。

聪明女性：好的产品自然价格会相对高一些，以您的身份，我要给您便宜的，估计您也看不上呀！

当别人夸你聪明时

一般女性：是吗？我还是第一次听您这么说。

聪明女性：近朱者赤，和您待久了，聪明劲儿自然就显现了。

当别人夸你眼光好时

一般女性：哪有哪有，您过奖了。

聪明女性：那当然了，眼光不好怎么能交到你这么优秀的朋友呢？

清醒日志

03 CHAPTER

好看的皮囊千篇一律，有趣的灵魂万里挑一

“魅力通常是在智慧之中，而不是在容貌之中。”

在女性成长的道路上，我们常常被外在的美所吸引，追求着“好看的皮囊”。然而，真正能够让女性焕发光彩的，却是“有趣的灵魂”。这种内在的魅力，并不是容貌所能替代的，女性应该努力提升自己的内在品质，不断地充实自己，让自己成为有智慧、高情商的人，无论走到哪里，都能得到更多的尊重和爱。女性成长从来不该是外在的蜕变，更多的是源自内在的坚韧、理智等品质。

涌起向上的力量

如果你能成功地摆脱对自身能力的怀疑，不管遇到什么困难，只要有种不服输的精神和向上的力量，那么你也一定能成功。不管遇到什么困难，什么挫折，都要相信自己可以克服。

1967 年夏天，美国跳水运动员乔妮·埃里克森在一次跳水事故中身负重伤，脖子以下，全身瘫痪。

乔妮躺在病床上日夜思虑，怎么也摆脱不了那场噩梦，为什么跳板会滑？为什么她会恰好在那时跳下？不论家里人怎样安慰她，亲戚朋友如何宽解她，她总认为命运对她不公。出院后，她叫家人把她推到跳水池旁。她注视着那蓝莹莹的水波，仰望那高高的跳台。她，再也不能站立在那洁白的跳板上了，那蓝莹莹的水波再也不会溅起朵朵美丽的水花拥抱她了。她又掩面哭了起来。从此她被迫结束了自己的跳水生涯，离开了那条通向跳水冠军领奖台的路。

她绝望过，但最后，她开始冷静思索人生的意义和生命的

价值。

她借来许多介绍前人如何成才的书籍，一本一本认真地读了起来。她虽然眼睛没有任何问题，但读书也是很艰难的，只能靠嘴衔根小竹片去翻书，劳累、伤痛常常迫使她停下来。休息片刻后，她又坚持读下去。通过大量的阅读，她终于领悟到，自己的身体是残疾了，但许多人残疾了后，却在另外一条道路上获得了成功，他们有的成了作家，有的创作了盲文，有的创作出美妙的音乐，我为什么不能？于是，她想到了自己中学时代曾喜欢画画。为什么不能在画画上有所成就呢？这位纤弱的姑娘变得坚强起来了，变得自信起来了，她拿起了中学时代曾经用过的画笔，用嘴衔着，练习开了。

这是一个多么艰辛的过程啊。用嘴画画，她的家人连听也未曾听说过。他们怕她因为不成功而伤心，纷纷劝阻她："乔妮，别那么死心眼了，哪有用嘴画画的，我们会养活你的。"可是，他们的话反而激起了她学画的决心："我怎么能让家人养活我一辈子呢？"她更加刻苦了，常常累得头晕目眩，咸咸的汗水把双眼弄得辣痛，甚至有时委屈的泪水把画纸也淋湿了。为了积累素材，她还常常乘车外出，拜访艺术大师。好些年头过去了，她的辛勤劳动没有白费，她的一幅风景油画在一次画展上展出后，得到了美术界的好评。

后来，乔妮又想学写作。她的家人及朋友们又劝她："乔妮，你绘画已经很不错了，还学什么写作，那更辛苦。”

她是那么倔强、自信，她想起一家刊物曾向她约稿，要她谈谈自己学绘画的经过和感受。她花了很大力气，可稿子还是没有写成，这件事对她影响很大，她深感自己写作水平差，必须一步一个脚印地去学习。

这又是一条满是荆棘的路，可是她仿佛看到艺术桂冠在她眼前熠熠闪光，等待她去摘取。

是的，这是一个很美的梦，乔妮要圆这个梦。终于，又经过一段艰辛的岁月，这个美丽的梦变成了现实。1976 年，她的自传《乔妮》出版了，轰动了文坛，她收到了数以万计的热情洋溢的信。又两年过去了，她的《再前进一步》一书问世了，该书以她的亲身经历，告诉残疾人应该怎样战胜病痛，立志成才。后来，这本书被搬上了银幕，影片中的主角就是由她自己扮演的，她成了青年们的偶像，成了千千万万的青年自强不息、奋进不止的榜样。

对于自强不息、奋发向上者来说，身体的残疾不是障碍，只要信心不垮，仍能做出令人吃惊的成绩。

向上的力量是每一种生物体所具有的本能，是一种不可思议的源动力。当你养成一种不断自我激励、始终向着更高目标前进的习惯时，性格中的缺点就会不断弱化，从而再也没有滋生的环境和土壤。要知道，一个人的成就，绝不会比他自信能达到的高度更高。只要心中具备足够的信心和向上的愿望，它就会像一颗种子，经过耐心培育和扶植，茁壮成长，直至开花结果。

活出自己的独特人生

在这个世界上，几乎所有的人都特别在乎自己的位置——这包括自己在别人心中的位置，自己在家庭中的位置，自己在社会中的位置……

也正是出于这个原因，让人们盲目地去追求一些毫无意义的“位置”，而无法看清和摆正自己人生的位置。

我们的一生有太多地方可以去注意，随便你怎么去看，都会看到一道独特的风景，但为何偏偏就是有那么多人只看别人眼里和心里的倒影，而忽视了生活中真正需要关注的风景呢？其实，每个人都有属于自己的位置，就像大自然中的每一种生物都有自己的独特魅力一样。有一篇文章叫《接纳不完美的自己》，文中写了这样一则故事：

林西的鞋在这一天显然是罪魁祸首，居然走到一半就断了鞋跟。为了加快步伐，林西把鞋一脱，赤脚上路了。

我们准备一同去英国花园喝一杯。英国花园是处在慕尼黑

市中心的森林公园，要从有公路和汽车的城市这边走到有天鹅散步的湖边酒吧，至少要走半个小时。

“既然已经在路上了，就不要回头了。”林西喘着气说，“走路也很有乐趣啊。”

她可能又在和自己玩个什么游戏了。林西在德国的一家报纸上开了一个以她的名字命名的专栏，叫作《西在瘦下来》。

“作为资深记者和胖子，我觉得写这个专栏会很有趣。”她在这个栏目里面描述着自己作为一个胖子的努力——瘦下来的努力和积极寻找生活乐趣的努力。“我的身高是1.57米，但是我有100公斤。有好几次我在超市买东西，钱币不小心掉在地上，我没法去捡起来。因为我蹲下来也够不着，我腰上的肉挡着我，我只能眼睁睁地看着钱躺在那里。所以我想，还是试试看瘦下来吧。虽然几十年都这么胖了，我想改变一下。”

林西在20岁的时候就已经是拜仁州最年轻的编辑，后来在德国最有影响力的报纸《南德意志报》做了很长时间的编辑。56岁的时候她突然又想给生活找些新鲜的事来做，就辞去了令人羡慕的工作，开始当一个自由作家和自由记者。她离过两次婚，依然相信爱情还在路上。她和她的儿子好像朋友一样互相尊重和关心。每次看到林西，都不得不眼前一亮。她总是穿着色彩鲜艳夺目的衣服，戴一顶夸张的帽子，一摆一摆地走过来，手里摇着一面欧洲小扇子，说到有趣的事情就哈哈大笑。

半小时后，我们走到了英国花园的湖边。那里有远近闻名的露天酒吧，是慕尼黑市民钟爱的聚会场所。

“吃什么？”我问她。

“走得这么辛苦，要好好犒劳一下自己。老样子，烤蹄。”她笑着说。

林西的专栏看来还会写上好一阵。胖着，快乐着。胖不是让生活失去乐趣的理由，而是寻找新的乐趣的出发点。

我们都是真实存在的个体，每个人的生活方式都不尽相同，但求无愧于心，那些虚无缥缈的无妄的追求只会让人丧失对待生活的正确态度。生活中的任何事物都值得我们珍惜，只要用平常心来对待生活，我们就会发现生活中的点滴美好。

好修养胜过好皮囊

随着社会观念的进步，衡量一个人的标准已经不仅是从事什么职业及所拥有的财富，还包括自身的修养。或许每个国家的人对生活的追求、价值的评判是不同的，但每个国家的人对人格的衡量都是相同的，那就是修养。良好的修养和品德是自身最宝贵的财富，它远远胜过任何金银珠宝。不管你身处哪里，都要注意自己的言行，做事得体，这样才会得到别人的尊重。

无论男人还是女人都应该记住：漂亮的容颜、华丽的服饰、如山的财富只能装饰你的外表，只有修养能装饰你的尊严。贪图你财富的人终究会远离你，爱慕你权力的人迟早会抛弃你，只有仰重你品行的人才是你永久的知己。无论你承不承认，有内涵的修养能够使人们对你刮目相看，使你获得更多的尊重和欣赏。

一个矮子对巨人说，我比您身材矮。一个女人对男人说，我比你力气小。一个小孩对老人说，我比您经验少。一个丑妇对美女说，我比你容貌丑。一个书生对富翁说，我比你贫穷。一个平民对官宦说，我比你地位低。他们都忧愁着。

智者托着天平走过来，爽朗地说：“你们不必忧愁。检测生命的重量，修养是唯一的砝码。”

我们不是智者，我们无法放弃我们已经得到的一切，但生活中有许多东西是我们应该放弃的，譬如：一文不值的面子，令人烦恼的人情世故，没有爱的婚姻，对子女过分的关爱，不想读的名著，不想吃的食品，不想交往的朋友，不想去的宴会，等等。放弃了生活中的一切羁畔和痛苦，我们才有自由可言，才有悠闲可言，而在自由和悠闲中能感受到快乐是我们的情感。

衡量我们生命的价值，修养是唯一的砝码。因此，不要为你的身材、力气、经验、容貌、财富、地位不如别人而忧愁，那些都是身外之物，只要让你的修养得以发扬，你的生命价值也就得到了实现。但是，培养自己的修养并不是一件容易的事，因为在我们身边有太多的低级趣味，一不留神，就不能免俗。要做一个脱离了低级趣味、有修养的人，就要站在道德高度上对来自外界的低级趣味产生免疫力。所以一定要学会修养、注重修养，这是立足社会的基本条件。

修养可以为你塑造良好的形象，赢得社会尊重。一个人的修养决定了他的品位和生活格调，修养的高低决定了受人尊重的程度，也影响着你在他人心中的位置。

希腊哲学家苏格拉底有一天和一位老朋友在雅典城里优哉散步，一边走一边愉快地聊天。忽然有位愤世嫉俗的青年出现，用棍子打了他一下就跑了。他的朋友看见了，立刻回头要找那个家伙算账。

但是苏格拉底拉住他，不让他去报复。朋友觉得很奇怪，就问："难道你怕这个人吗？"

苏格拉底说："不，我绝不是怕他。"

朋友又问："那么人家打你，你都不还手吗？"

此时苏格拉底笑着说："老朋友，你糊涂了，难道一头驴子踢你一脚，你也要踢它一脚吗？"

他的朋友点点头，就不再说什么了。

以恨对恨，恨永远存在；以爱对恨，恨自然消失。为人处世以让一步为高，退步即进步的根本。这并不代表无能，却恰恰是一个人卓识、心胸和人格修养的体现，即所谓"海纳百川，有容乃大"。

生活中，我们经常会受到负面情绪的影响和无端的伤害。如果我们将这些全部都装在心中，稍有委屈就想报复，那么我们的身心将永远得不到安宁。其实世间并无绝对的好坏，而且往往正邪善恶交错，所以我们立身处世有时也要有清浊并容的雅量。

修养是一种生存的智慧、生活的艺术，是看透了社会、人

生以后所获得的那份从容、自信和超然。越是有修养的女人，越是胸怀宽广，大度能容。因为她洞明世事、练达人情，看得深、想得开、放得下。

驾驭真实的自己

每个人都是一个独立的自我，每个人都有自己的优点和缺点，世上绝对没有十全十美之人。但一个人如果能了解自己的优点和缺点，以及这些优点和缺点在不同场合对你所具有的意义，那就能更加成功。

人的优缺点有些是与生俱来、无法改变的；有些则是因后天环境诱发、影响所致；有些则与性格无关，纯粹是一种客观条件。

无论你愿不愿意，你的优点与缺点都将始终伴随着你，甚至跟随你一辈子，影响并决定着别人对你的态度，成为你在现实生活中求得生存的助力或阻力。

按理来讲，一个人的优点对其应该起到一种帮助作用，缺点则会成为一种阻力。因此，优点越多的人，成功的可能性越大；缺点越多的人，则越不易成功。可是事实又不尽如此，现实生活中，我们不难发现一些优秀之辈抑郁潦倒，而也有不少

平庸之辈表现不凡。之所以如此，主要有以下两方面的原因。

其一，优缺点的种类与本质。有些人虽然优点不少，却存在着致命的缺点，这种缺点会破坏甚至毁灭其他优点所创造的成果，优秀人才因此堕落潦倒。平庸的人缺点虽多，但若这些缺点不具有彻底的破坏性，而优点又具有建设性，那么这种人的成功自可预期。

其二，机遇。一个人的成功离不开机遇，机遇影响着一个人的转折，这些转折有好有坏，至于好坏则看机遇与你的优缺点的关系。换句话说，机遇与人的优点结合，则有好的转折；若与人的缺点联系在一起，则有坏的转折。

但必须认识到一点，一个人优缺点的本质很难加以改变，机遇也不是人能够完全把握的，但一个理性、冷静的人应该可以做到——驾驭自己的优缺点，而不让优缺点主宰自己。

我们之所以强调“驾驭”二字，是因为人的优缺点在不同的时间、场合会发生改变，优点可能不再是优点，而缺点反而变成优点了。因此人要充分了解自己的优缺点，尤其重要的是，要了解这些优缺点的价值及存在条件，有了这些了解，还要诚实地去面对它们，不可有一厢情愿或逃避现实的想法，才能自由地“驾驭”这些优缺点。

那么我们应该如何驾驭自己的优缺点呢？这里有两点建议：

一是根据不同环境，灵活运用自己的优缺点。

尽量以自己的优点来应对客观环境，当环境发生转变，并且直逼你的缺点时，你也不必逃避，应首先思考一下二者之间的关系，因为有时候你的缺点反而在这个时候成为优点，如果没有这个可能，就要考虑回避了。

二是以优补缺、以缺护缺。

前者是在无法回避时的补救措施，避免一直处于被动的地位；后者则是为了保护你自己，避免成为被攻击的目标，降低别人对你的戒心。

拥有幸福的能力

一个女人，可以生得不够美丽，不够聪颖，不够优雅，但是，她一定要拥有自尊、自强、自重、自爱、自信、自立的精神。一个有自信的女人能活出自己的风格，让自己充满活力，那她就是一个充满魅力的女人，是一个成功的女人。

作为一个女人，不管你属于清新淡雅型、聪明美丽型，还是真诚善良型，首先一定要有自己的事业，要有一定的经济基础。女人有了自己的事业，才能够经济独立，有了经济独立的资本，才能够谈到人格的独立。人格独立是个性的体现，一个女人要活出人格，活出自我，活出内在的修养，活出非凡的气质。

作为一个女人，要有高雅的气质，必须有一定的内涵，有内涵的女人，更要有一定的文化素质和文化修养。

当然，作为一个女人，还要有一颗爱心，要爱父母，爱家庭，爱兄弟姐妹，爱孩子，爱朋友。把温暖送给所有的人，要善待自己，善待他人。要懂得珍惜感情，懂得投入感情。

作为一个女人，一定要保持健康的心态、健康的身体。只有身心健康，才能容光焕发，才能绽放美丽。美丽的女人光芒万丈，有才华的女人魅力四射。

女人可以普通，但不能缺乏潜能。不能经受一两次挫折，就不相信自己有潜能，就总是怀疑自己不够聪明，反复强化“我是女人，没有男人聪明”的意念。时间久了，认为自己不如男人的想法越来越固化，形成思维惯性，一事当前首先就认为自己做不好，潜能当然就被埋没了。

成功绝非只有事业成就一种定义，在职场上，女性想要打下一片江山，一定要表现得更加精彩，才可以出人头地。无论是人际交往还是学识与能力，都非常重要，只要充分施展出你的才能，无论结果怎样，你都是一个成功者。

梦想是一件美丽的衣裳

人应该敢于梦想，敢于为自己设定目标。目标是行动的指导，犹如大海中的领航灯，引领舵手驶向希望的彼岸。

女人走出家庭，迈入职场的第一步应该是敢于梦想，为自己设定一个奋斗目标，并坚定不移地朝向这个目标努力，最终的成就会比许多人更灿烂辉煌，因为女人特有的细腻特质会帮助她们将工作做得更完善。所以，女人要经常做属于自己的成功的梦，而费罗伦丝·查德威克就是这样一个敢做梦并且实现了梦想的女中豪杰。

在加利福尼亚海岸以西21英里的卡塔林纳岛上，一个名叫费罗伦丝·查德威克的女人——世界上第一个游过英吉利海峡的女人，再次勇敢地跃入海中，向另一个“世界第一”发起冲击。她要成为第一个游过加州海峡的女人。

冰凉的海水，浓重的雾气，几次游近她身边的鲨鱼，都没有使她停下来。15个小时过去了，体力一点点下降的她又累又

冷，不得不叫人把她拉上船休息一下。当她感到暖和了一些时，再一次跳入水中向前游去，但是她还没游多久，就又让人把她拉上了船，并说自己无论如何也不能到达终点了。其实，人们拉她上船的地点，离加州海岸只有半英里。母亲、教练、围观的人和全程跟踪拍摄的电视台的工作人员，都感到惋惜和不解。事后她解释说，令她半途而废的不是疲劳，也不是寒冷的海水，而是因为她在浓雾中看不到对岸的终点，看不到自己要达到的目标。

查德威克这次没有坚持到底，令她感到耻辱。两个月后，她又一次跃入这条海峡，最终成为有史以来第一个成功游过加州海峡的女性，更令人称奇的是，她比男子最快纪录还快了大约两个钟头。

“志存高远”“有志者事竟成”“风物长宜放眼量”等都是激励人们要有奋斗目标的名言警句。身为女人，有一个明确的目标更是成就生活和事业的关键。女人要成功经营自己的人生，有一个清晰的理想至关重要，只有树立目标，才能鼓足勇气抵达成功的彼岸。

时常听到很多女人抱怨周围的世界太阴暗，对自己不公平，但如果你问这些人该怎样改变周围的世界时，她们都不能说出具体的方法。因为她们对改变生活没有具体的目标，所以就没有鞭策自己努力的动力，结果只能生活在她们无意改变的世界

里，忍受着失意的折磨。

尽管有梦想、有目标的人也可能在事业上没有获得令人瞩目的成就，但如果没有目标，他们的结局会更不堪想象。试想，一只没有猎物目标的雄鹰又能翱翔多远、多久呢？那么女人该如何制定自己的目标，完善自己的梦想呢？成功的女人在制定自己的目标时，一般有以下步骤。

明确目标

认真审视自己在工作和生活中准备完成的内容。选出要在几天到几周内完成的短期目标，几周到一年内完成的中期目标，一年以上才能完成的长期目标。完成短期目标是完成长期目标的前提，如果长期目标过多，想办法将其分为若干个短期和中期目标，以达到预期目的。

明确实施日期

列出目标清单后，要赶快开始行动，在醒目的位置提醒自己目标开始的日期：× 年 × 月 × 日，时刻警醒自己朝着目标迈进。

规定完成日期

一个目标的实现不但要有明确的开始时间，还要严格规定

自己完成的时间，不要让一个目标无限期地拖延下去，只有在限期内完成才是最有效率的。

列举回报

为了更有效地激励自己，要适当列出实现目标后的回报。在这个过程中你会发现这是件非常有意思的事，很令人激动。

制订计划

计划就是写出实现目标的具体步骤，在这一过程中应进行一些必要的思考，在思考的过程中列出计划的步骤。这一阶段最好不要对想到的东西进行评价，只要脑子里出现某些东西就将它们记录下来。日后，当你重新看这些步骤时，可以更好地进行筛选最有价值的记录。

总结困难

任何事干起来都会遇到或多或少的困难，在制定目标时，不妨把可能出现的困难加以例证，对困难首先有一个心理准备，做一些必要的防范，在真正碰到困难时才不会手忙脚乱。其实，任何困难都不是不能克服和解决的，所谓“车到山前必有路，船到桥头自然直”，也就是说，困难在一定的方法和条件下是可以化解的，关键是自己面对困难时的心态。难事降临，消极抵触是没有用的，只会令事情变得更糟糕，以积极的心态想方设法去解决才会让事情有所转机。

用上面的方法一步步地制定符合自己人生、事业发展的目标，是女人最该做的“梦”，没有目标和梦想的女人最终也不会收获令人满意的幸福和快乐，因为人生失去了指引自己的方向，就永远找不到成功的喜悦和奋斗的意义。这样生活的女人是乏味的，这样工作的女人在事业上也很难有所成就。

事业上的梦想是女人成功的翅膀，放逐和放弃自己的梦想也就是放任了自己人生的航船，任其漂泊不定，增加了触礁沉船的危险。漫无目的的航海者很少有生存的可能。

女人要在事业的海洋中乘风破浪，首先要为自己设定一个明确的目标和方向，让自己永远都能驶向正确的地方。

抛弃无谓的固执

文学家萧伯纳说："明智的人使自己适应世界，而不明智的人坚持要世界适应自己。"变通是天地间最大的智慧，是才能中的才能。变通，变则通。变通是解决问题的手段，变通是一种能力，具备积极向上的意义。只有抛弃固执，适时地变通，才是最智慧的人生。变通之法，就是指在处理各种事务时要善于变化和选择，而不应墨守成规和拘泥。

一个木匠做门做得精致。他给自家做了一扇门，他认为这门用料实在、做工精良，一定会经久耐用。

后来，门上的钉子锈了，掉下一块板，木匠找出一颗钉子补上，门又完好如初。后来又掉下一颗钉子，木匠就又换上一颗钉子。后来又有一块板坏了，木匠就又找出一块板换上。后来门闩损了，木匠就又换了一个门闩……

于是若干年后，这扇门虽然无数次破损，但经过木匠的精心修理，仍坚固耐用。木匠对此甚是自豪。

忽然有一天邻居对他说："你是木匠，你看看你家这门！"木匠仔细一看，才发觉邻居家的门一扇扇样式新颖、质地优良，而自己家的门却又老又破，满是补丁。于是木匠明白了：是自己的这门手艺阻碍了自家环境的美观。

学一门手艺很重要，但换一种思维更重要，行业上的造诣是一笔财富，但也是一扇门，会关住自己。故步自封，墨守成规，只能将事情办糟。

一种思想历久不衰并不是好事，因为思想本身最终总是要变得陈腐的。不要死钻牛角尖，有时多元思维能带来奇妙的效果。此路不通，换一条路走一走，条条道路通罗马。换一个方向，就会别有洞天；换一个方式，就会茅塞顿开。固执不是解决问题的办法，头脑僵化更会影响办事效率。所以，在追求机遇的道路上，我们一定要警惕，不能盲目，要多听别人的意见。

南方的一家环境设备股份有限公司从1999年开始创建，经过短短8年的发展，迅速成长为业内的龙头企业，这与公司对学习型企业的建设密不可分。公司非常重视人才的培养和选拔，提出"职员最大的福利就是培训"，坚持"人品至上，人尽其才"和"公平、公正、公开"的育人、用人、留人的基本原则，充分地尊重、理解和关心职员，坚持企业与职员共同成长、共同发展。公司首次举办了人才成长与创新发展大会。在会上，公司董事长发布了"1333"人才成长计划。所谓"1333"人才成长计划，是指公司将每年拿出100万元作为职员的教育培训经费，在系统内培养10名优秀经营者、30名高级技术专家、30名专业职能管理者、30名销售经理，为公司建立后备人才队伍。

一个公司，面对层出不穷的矛盾和变化，因循守旧是不可能进步的。事物是不断变化、发展的，所以公司也必须不断进步。

人生不能一味地按着某种教条度过，不能固执地在一条道上走到黑；每个人必须具有一种求新求变的心态，才能跟得上时代的发展。人生需要变通，变通才是成功的源泉。创新才是生命前进的动力。

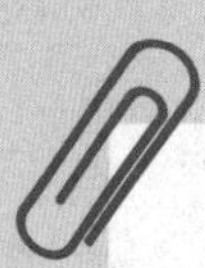

女人高情商话术

热恋中的女人这样说会让男人心花怒放：

刚在忙，没看到你信息　　改成：刚忙完就看到你的信息好开心啊！

我想你了　　改成：翻了翻手机，没有你的信息心里空落落的。

早上好　　改成：和你甜甜的一天又要开始了。

随便　　改成：我喜欢听你的，你说什么（做什么）都是我喜欢的。

晚安　　改成：咱们换个地方聊，梦里见。

你吃饭了吗？　　改成：工作再忙也要按时填饱肚子和想我。

干啥去了　　改成：这么久都没收到你信息，你是让别人“抢走”了吗？

别生气了　　改成：我接下来要哄你了，希望你给我点儿面子啊！

有本事别跟我说话　　改成：我觉得我们最近变得更默契的，可以纯靠精神交流了。

别难过了　　改成：今天我请客，请你快乐！

清醒日志

04 CHAPTER

善用女人的优势，趋利避害

“优雅并不是训练出来的，而是一种阅历；淡然并不是伪装出来的，而是一种沉淀。”

女性拥有自己的独特优势，我们应该把这些优势运用到职场抑或是日常生活中。吸引力和社交能力对我们来说都是极为重要的，而修炼强大的吸引力与社交能力，是每一位女性的处世课题。做真实的自我，相信自己有足够的力量，塑造自己正直的品格。做一个高情商的女人，要微笑从容地面对一切，在细微之处散发出自己的独特魅力，做一个“知世故而不世故”的女性，是变得优秀的重要因素。

修成磁石般的吸引力

人格健全、性情温和的人，往往能受到他人的欢迎，也能处处得到他人的扶助。在社交上，女人如果能处处表现出爱人与和善的精神，乐于助人，那么就能使自己犹如磁石一般，吸引众多的朋友。而一个只肯为自己打算的人，必然到处受人鄙弃。

有些人之所以不能吸引他人，是因为他们的心灵与外界隔绝，久而久之，便使自己陷于孤独的境地。

我认识一个人，几乎人人都不欢迎她，即使她参加一个公众聚会，人们见了她也都会退避三舍。所以，当别人互相寒暄谈笑、其乐融融之时，她只能独自坐在屋中的一个角落。即使偶然被人家注意，片刻之后，她也依旧孤独地坐在一边，就好似失去了吸引力的磁石。

这个不受欢迎的人很有才能，也很勤勉努力。她每天工作完以后，也喜欢与同伴一起寻找快乐。但她往往只顾及自己的乐趣，而给人难堪，所以很多人一看到她就避而远之。只是她

从未想到，她不受欢迎的最关键原因在于她的自私心理。每当与别人谈话时，她总是要把话题集中在自身或自己的业务上。她只想到自己而不顾及他人，一刻也不能把自己的事情搁起来，与朋友们谈谈他人的事情。她不肯帮助人，总是太看重自己的得失。别人有困难，她却当作自己得意的资本；别人的失败，她却化为安慰自己的笑料；别人的痛苦，她无动于衷。因为她的心只能容下一个可怜的自己，整个世界都引不起她的关注和关心。自私，使她吝啬到了连微弱的同情和丝毫的给予都拿不出来。

休谟说：“人性就是自私。”我们姑且不去评判这句话正确与否，但的确很多人都有这样一种心理状态，都想有所得而不愿有所失。但在人际交往中，如果人人都想多得而不愿失去，那么就必然会导致矛盾。

一个人如果只顾自己，只为自己打算，此类人很容易会被抛弃，没人愿意帮助他，他就没有吸引他人的磁力，就会使别人对他感到厌恶，就没有一个人喜欢与他结交往来。其实，他也在一步步堵死自己所有的路，同时也在拒绝所有的帮助。

一个人只有真正对他人感兴趣，乐于关心和帮助他人，才会有吸引他人的力量。而且对他人吸引力的大小与对他人所感兴趣的程度成正比。怎样才能对他人感兴趣呢？主要是能够设身处地为他人着想，能够推己及人，给他人以深切的同情。

其实，人生最大的目标，并不应该只在于谋生赚钱，更要把我们内在的力量、美德发扬出来。这样，我们自然就会具有吸引他人的力量。

只要在自己身上培养磁石般的吸引力，心胸开阔，气量大度，宽容别人的缺点、学习别人的优点，就必定能够立身社会。这种卓越品性所具有的力量，远远超过金钱的力量。

结交比自己优秀的人

古人云：“近朱者赤，近墨者黑。”如果一个人出生在书香门第，对《中庸》《论语》等我国传统名著琅琅上口，身边也有品德高尚的人让他耳濡目染，那他的品行也会不知不觉变得高尚起来；相反，当一个人的成长环境周边有许多品行恶劣的人，那么他便会在不知不觉中学着这些人的言行，品格也逐渐低下了。这说明环境能改变人，古时“孟母三迁”，正是由于深谙这个道理。

为此，对于女性来说，应该结交比自己优秀的人。这样，你才能在潜移默化中得到提高与进步。

曾经有一位老师对我说：“与快乐的朋友在一起，你的心境也是愉快的。”的确如此，如果与一个总爱唉声叹气的人在一起，那么自己也会变得不开心。所以我们在选择朋友的时候，不要忘记选择和有阳光心态的人、积极乐观向上的人做朋友。另外，如果结交一个总爱搬弄是非的朋友，那么你的周围处处都是障碍，都是阻力。因为他就是你身边的定时炸弹，随时会变一副模样来对待你，希望你对这样的人加以小心。

当然，也许你会说："我就近墨者未必黑。"这种情况是有的，但是很少。如果你非得要坚持这样说，那只能奉劝你洁身自好了。也许你还会说："我就专门喜欢结交比自己差的人。"那么你可能更喜欢在别人羡慕的眼光中获得满足与快感，但是聪明的女人都不会这样做。

多与优秀的人交往，对于长远发展有相当大的帮助。因为那些比自己优秀的人，各方面能力很强，在他们身上可以散发出无限能量。和他们交往，能学到平时学不到的知识。

为了与那些能够给你最大帮助的人交往，应注意以下几点：

应尽可能结交优于自己的人，并朝这一目标而努力

结交比自己优秀的人，便能见贤思齐；反之，若结交品德、能力远逊于自己的朋友，自己难免同流合污。当然，这里所说的优秀的人，大体上可分为以下两大类型：一类是立身于社会主导地位的人，另一类则是指那些有着特殊才华的人，例如对社会有着杰出的贡献、才能突出或是学识渊博的人，能歌善舞、才华横溢的艺术家，等等。此种杰出绝非凭一个人的喜好所界定，而需经社会上的认同方可获得。总之，希望你能多结识这些人士。

应掌握结交比自己优秀的人的方法

至于怎样与这些人结交，没有成形的方法，也许是毛遂自荐，也许是经由知名人士的大力引荐，当然也可以加入群英聚会的团体里去寻觅朋友。居于其间，仔细去观察拥有不同人格、不同道德观的人，不仅是件赏心悦目的事情，更会对你有所帮助。

保持判断力，不可不顾一切地投入

我们都渴望能和才华横溢的人成为知交，如认为自己也小有才气，那更是如鱼得水。即使达不到此目的，也能满足自己与其共荣的心理。然而，即使是和这些才气横溢、魅力十足的人交往，也不可不顾一切地投入。保持判断力，才是最恰当的交往方法。

向阳出发，从容自信

人生就像刚刚下过雪的一片田野，女人选择从哪里走路，她的每一个脚印就会在哪里显现出来。

不想再将眉毛修剪成一条细线，不想再做美容，不想再使用什么眼霜之类的东西，任眼角的皱纹自在生长，不想再因为柜子里总是少了一件好看的衣服而烦恼。

多想做一个自自在在的我，容颜影响不了我，物质影响不了我，别人影响不了我。可以独自去看蓝天、看白云；可以不管任何家务，躺在被窝里看喜欢看的书；可以不顾上司的意见，推行自己认为切实可行的主张；可以不顾家人的反对，做自己愿意做的事情，不用每天早出晚归，为了那点薪水消磨掉自己的创造力……

只有“从容自信”才是做这样一个自在自我的心灵能量！即使恋情结束了，待业在家了，病魔缠上身了……一旦当我们拥有了从容自信，这些艰难就可轻易躲过，我们将做一个真真正正的人、一个顶天立地的人，一切都显得无关紧要。我们将不再顺从任何物、任何人，不再被这些牵着自己的鼻子走，我们甚至可以将“顺从”毫不犹豫地扔进垃圾桶，到自己最愿意待的地方去，过自己最愿意过的生活。

杨澜，这个名字似乎总与美丽、聪慧、优雅、知性这些赞美的词汇联系在一起。杨澜的智慧不仅仅体现在一个优秀主持人的素质上、体现在她对人生机遇的把握上，更体现在量力而行的分寸拿捏得当，以及具有自知之明上。

杨澜曾坦言：自己不是一个好商人，没有经商的天分，而最感兴趣甚至最“擅长”的领域还是媒体本身。

自在属于一种顺从和满足的状态，它不再询问，不再要求，而是在所给的不管够或不够，能或不能的限度里，快乐并且知足。自在也是生命的一种支撑，有激情，也有未来，有的是现在和今天。

因为从容自信，我们就不会为了容颜的渐渐老去而苦恼，更不会为了脸上的一个小斑点或是塌鼻子而打不起精神。因为有了从容自信，即使爱情离我们而去，我们也还能撑起一片天；因为有了从容自信，即使自己办的公司倒闭，我们也能振作起来，另谋生路；因为有了从容自信，不管是什么外界因素都将动摇不了我们坚强的意志，这样我们就能真真正正做一个自在的女人。

相信自己的力量

如果把形容女人的词汇汇集成一本词典，位居前列的肯定有“柔弱”。女人好像天生就是柔弱的代名词，社会对女性的认识也是如此，很多女性被安排在相对较为清闲的工作岗位上，即使她们才华横溢、见多识广。其实现实生活中还有很多的女人把自己当成了弱者，处处需要被保护，认为自己什么都不行，结果在生活中庸庸碌碌，工作上毫无成效。

作为女人不一定要做“强人”，但一定要做生活的强者。一个只依赖别人，不能靠自己的能力改变命运的人，是不幸的，也是可怜的；一个不敢向成功者学习、不敢挑战自我的人，只能懦弱地活着。

现代社会是一个充满竞争的社会，不进则退，在当今职场的擂台上，没有人会因为性别的差异退让三分。女人要想在职场上分得一杯羹，就必须要让自己成为强者，在内心深处相信自己不比任何人弱小。

有些女性说自己不愿做女强人，她们认为女人越强越不像女人，对自己未来的爱情和生活没有益处。为此，她们放弃了各种进修、晋职的机会，把自己变得平庸，但结果往往是，生活没有达到想要的幸福和美满，伴随她们的是难言的无奈。

所以，在职场中打拼的女人们，无论何时都应该相信自己能克服和面对一切困难，在任何困苦面前都把自己当作最强者。

把自己当作强者，你就是强者，总有一天会有属于自己的成功。反之，在心理上认为自己就是弱者的女人，永远看不到胜利的曙光，因为弱者的天空多是充满阴霾的。

女性自己内心深处的畏惧，限制了她们成功的宽度和广度。作为现代女性，排除内心的畏惧，勇往直前，相信自己是一个生活的强者，唯有如此才能始终站在时代的浪尖，成就自己的理想。

自信是一种精神状态，它让人的内心饱满充盈、富有活力，同时外表光彩逼人、魅力洋溢。正所谓“水因怀珠而媚，山因蕴玉而辉”，女人因自信而美。自信的女人从容大度，舒卷自如，双目中投射出安详坚定的闪亮光芒。

从根本上来说，真正的自信来源于相信自己，对自己的成就以及生活状态的满意。可是，短时间内很难达到这样的圆满状态。不过，只要每天给自己增加一点自信，最终会让你成为自信的女人。

试试做到以下几条，也许你的生活会就此不同。

定期运动

健康的身体状态、充沛的精力是你自信的强力来源。因此，抛弃那些高科技所提供的便利：弃用电梯，改爬楼梯；泊车远一些，给自己一段步行到公司的距离；出去郊游尽量骑车。还有什么比得上红润的双颊和轻快的步伐能带给你更多的自信呢？

注意自己的穿着打扮

穿着打扮是别人第一眼所能看到的。你身上所有细微的物件都表明了你的品位、审美和风格。在穿着之前问一问自己：我想要给别人留下怎样的印象？我喜欢给什么样的人留下深刻印象？

以下就是穿着的一些重要原则：

合适：确定你的衣服符合你的尺码大小，合体的衣服是最基本的要求。

干净：保持衣服干净整齐。同时，注意有没有掉扣子或有线头等细节问题。

鞋子：任何人都会注意到鞋子，或许是由于人们在紧张的时候就低头的缘故吧。因此，要保持鞋子的干净和光亮。

笑容：就算你的穿着完美无缺，要是没有笑容，也就像是丢失了灵魂。

呼吸：静静地站立着，给自己的心灵找到一个避难所。你已经被每天的生死时速、信息轰炸、越来越小的空间所窒息。因此，你很有必要重新学会呼吸。

与对他人的谈话保持高度集中的注意力

集中注意力是人际交往最基本的要求。当你与他人在一起的时候，你的全部身心都要在这儿，心不在焉是对他人极大的不敬。唯有做到这些，尊重他人，你才可以获得高质量的人际关系，而良好的人际关系也是一个人自信心的重要来源之一。

懂得给予并且接受

给予他人你想要的。假如你希望得到尊重与合作，那就给别人尊重与合作吧；假如你想要成功，那就尽力帮助别人成功；假如你想获得快乐，那就先带给他人快乐。另外，要懂得接受，用开放的态度来接受他人对你的赞美，从而肯定自己的价值。

女人的魅力在细节

芭芭拉·帕克特曾说过："无论何时，细节总是具有魔力——这种魔力可能比你所认为的大得多。"

危机往往是一个人在不经意间积累的，成功也是由许多细节积累而成的。很多时候，一个人的成败就取决于某个不为人知的细节。

某公司因业务扩展需要招聘大量职员，两个漂亮的女孩同时到这个公司准备接受面试。一个女孩穿着得体的职业装，化着淡淡的职业妆容，给人一种大方优雅的视觉享受。而另一个女孩穿着一双休闲鞋，一身合体但不太职业的休闲装，头发随意地扎到脑后，背着双肩包就来到公司面试。人力资源部的经理首先就给了第一个女孩得体仪表分数 20 分，另一个穿休闲装的女孩在面试着装上就吃了大亏。由于这个女孩给面试官的第一印象非常不像一个求职者，在两个女孩能力相差无几的情况下录用了第一个求职者。

都说要做个“有魅力的女人”，那么什么是女性的魅力？甜美的笑容、得体的装扮、娇柔的嗓音、温柔的气质……这些都是女性魅力的体现，但最能体现女性美丽和魅力的是一些细节，因此，女人在追求事业的过程中注意细节可以使自己获益良多。

女人在竞争激烈的职场，如何稳操胜券，让自己的岗位无人可以取代呢？如果能注意尽量避免以下自招失败的细节，那么在激烈的竞争中就可以脱颖而出。

（1）衣着得体，装扮整洁。工作场合与家里不同，在家里你的着装可以随意一些，但到了公司，你必须穿戴得体的服饰。太性感的吊带装、露背装和太休闲的半尺厚松糕鞋、乞丐式牛仔裤都不适合在办公场所穿着，这种装扮显得你有些随意，让人难以产生信任感。穿着太招摇还会让别人无法集中精神工作，对出外的业务工作会产生极为不利的影响。

（2）不占用公司的用品，绝不将公司的任何财物带回家，哪怕是一个废弃的订书器或一张鼠标垫。俗话说：“不以善小而不为，不以恶小而为之。”不要小看区区一张纸或一支笔，它造成的伤害比你想象的要严重得多。

（3）工作时间不要与同事喋喋不休地闲聊。有些女性在工作时间总爱聊一些家长里短等与工作无关的事，这样做不仅给上司造成很不好的影响，也会令其他同事反感。

（4）即便老板不在也不要偷懒，更要努力工作，保持工作

业绩的正常水平。

（5）不要为了赚钱，就不加筛选地为竞争对手做兼职，这会让两家公司都不能把要职交付于你，你的忠诚度会大打折扣。切记不要为了私利将公司的机密泄露出去，这种不道德的行为会使你在职场中的名誉丧尽，严重者会承担比你得到的利益要严重得多的不利后果。

（6）不要整天都绷着脸，不苟言笑。要试着从平凡的工作中找寻乐趣，做个快乐的工作者。尝试着在工作中运用不同的工作方法，多一点变化，就多了一点兴趣，多了一份热情。热情工作，是热爱工作的表现，领导怎么会视而不见呢?

（7）对繁杂的工作不要推托，这也许是上司考验你的手段，即使不是，也能锻炼自己的耐心和态度。

（8）不要将个人情绪带到工作中，更不能将自己的不满发泄到公司的客户身上，即使是在电话里。

（9）向上司提交的工作报告一定要清晰明了，言之有物。在上交之前要“先过自己这关”，自己希望得到什么样的报告，就应向上司提交什么样的报告。

（10）不要轻易承诺，你的承诺和欠别人的一样重要，因此在承诺别人时一定要三思。答应了别人就应该做到，这是一个人最基本的道德，言而无信，会让所有与你工作上有关系的人都生活在惶恐之中，人为破坏良好的人际关系。

（11）要主动承担工作，担负责任，不要一味地等候或按照别人的吩咐做事。抱着出了错也不用受到谴责的心态，这对成就自己的事业没有好处。

（12）不要在工作时间打私人电话。有私事时应尽量利用午间休息时间去处理。

（13）保持办公桌的整洁。有人说，从一个人办公桌上摆放的物品，就能看出一个人办事的效率和态度。凡是桌上的物品杂乱无章的人，其工作效率一定不高，工作态度也极为随便。相反，桌上收拾得井井有条，显出干净清爽的样子，一定是个态度谨慎、讲求效率的人。

（14）离开岗位时，要将资料收妥。当工作正在进行时，突然被要求离开工作岗位，一定要将手头的资料收拾妥善，以免遗失。对于重要的商业秘密资料更要谨慎收起，万一丢失，后果不堪设想。

（15）不是自己的功劳，就不要去抢，不管别人知道也好，不知道也罢，抢占别人的功劳总不是成功的捷径。

（16）在预定的时间内完成工作。“时间就是金钱”，一个具有时间观念的人是最受欢迎的。在日常工作中，按时完成工作是最基本的工作原则，拖延只能让上司和同事不重视你。

（17）要不断充实自己的专业知识，为公司整体利益做出直接贡献。

微笑是最好的“信差”

在一个小镇上有一个富翁，但他很不快乐。有一天，富翁垂头丧气地走在路上，这时，走来一个小女孩，小女孩用天真的眼神望着他，给了他一个很甜美的微笑。富翁望着孩子天真的面孔，心中豁然开朗。为什么要不高兴呢？能像这样微笑该有多好啊！第二天，这个富翁离开了小镇去寻求梦想和快乐。临走前，他给了这个小女孩一笔巨款。

镇上的人觉得奇怪，问小女孩，明明不相识的富翁怎么会送她一笔巨额的财富，小女孩天真地笑着说：“我什么都没做，只是对他微笑而已。”

“只是对他微笑而已。”是啊，小女孩一个善意的笑，却换来了巨额的财富，实在令人难以置信。但是，这就是微笑的力量，小女孩的微笑点燃了富翁几乎化为灰烬的心灵，让他再一次有了希望，有了梦想，有了快乐。这世界上还有什么比梦想和快乐更重要呢？

这便是微笑的力量。微笑的确是很可爱的表情，唇角微翘，即使丑的人也会因微笑变得美丽，令人顿生好感。

因此，有人说微笑的女人最美丽。

微笑是人们心灵沟通的钥匙。微笑，使人脸上透着安详、慈善。当一个人对你微笑的时候，你能感觉到他心中的暖意，感受到他对你的善意和友好。反之，一个人若总是紧绷着脸，冷若冰霜，就会让人退避三舍，不愿接近。

因为有了微笑，人们之间的隔阂才会消除，我们的世界才会美丽。微笑，加深了我们的友谊，沟通了我们的心灵。让我们彼此多了一份宽容，多了一份理解。

有人说“笑是没有任何副作用的镇静剂”。它能使暴怒的人瞬间平静下来，使惊慌失措、紧张不安的人立刻松弛下来，更重要的是，它能放松心情，增加自信，使你顺利走出困境。

美国的联合航空公司有一个世界纪录，那就是在1977年载运了数量最多的旅客。

联合航空公司宣称，他们的天空是一个友善的天空、微笑的天空。的确如此，他们的微笑不仅仅在天上，而是从地面上便已经开始了。

有一位叫珍妮的小姐去参加联合航空公司的招聘，她没有任何关系，也没有事先去打点，完全是凭着自己的本领去争取。最后她被聘用了，你知道原因是什么吗？那就是因为珍妮的脸

上总是带着微笑。

令珍妮感到惊讶的是，面试的时候，主试者在讲话时总是故意将身体转过去背着她。不要误会这位主试者不懂礼貌，他是在体会珍妮的微笑，因为珍妮应聘的职位是通过电话工作的，是有关预约、取消、更换或者确定飞机航行班次的事情。

那位主试者微笑着对珍妮说："小姐，你被录用了，你最大的资本就是你脸上的微笑，你要在将来的工作中充分运用它，让每一位顾客都能从电话中听到你的微笑。"

虽然可能没有太多的人会看见她的微笑，但他们通过电话，可以知道珍妮的微笑一直伴随着他们。

微笑是吸引他人的"磁石"。社交中，人们总是喜欢和个性开朗、面带微笑的人交往，而对那些个性孤僻、表情冷漠之人，则总是避而远之。只要有微笑，办事不再感到困难，人与人之间的沟通将变得十分容易。

你的笑容是你最好的"信差"。你的笑容能照亮所有看到它的人。对那些整天都皱着眉头、愁容满面的人来说，你的笑容就像穿过乌云的太阳。尤其对那些受到上司、客户、老师、父母或子女压力的人，一个笑容能帮助他们了解一切都是有希望的，也是欢乐的。你这样做了，证明你是一个善于关心他人的人、胸襟开阔的人。也只有这样，你才能赢得人心。

在一次电视节目中，有个评选才艺选手的比赛。我记得一

个评委这样评价了一个长相平庸的女孩，并给了她最高分，他说：“这个女孩长得并不出众，单从五官来看，五官也不算标致，但是，我在台下看到她一直在微笑。当她笑的时候，她的五官活跃起来，形成了一副美丽、动感、和谐的面容。”

接着，这个评委又评价了这个女孩的对手——另一位选手，他说：“另一个女孩无论从五官还是整体搭配来看，都比前一位选手漂亮，但是她的面部表情太生硬。”

结果很显然，前一位选手晋级，后面的选手被淘汰。

何不试着对镜中的自己微笑，对生活中的自己微笑，对身边的人微笑，对路上的行人微笑。把自己的美丽展现给这个世界，亲密接触这个世界，你会感受到美好！

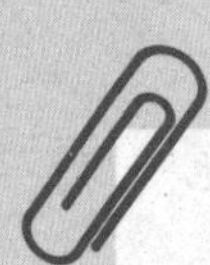

女人高情商话术

当客户在饭局上向你敬酒时

一般女性：不好意思，我不会喝酒。

聪明女性：这么好的酒，让我这个不会喝酒的人喝，算是浪费了。比起喝酒，我更擅长为大家斟酒，这样大家就可以尽兴喝了。

饭桌上你帮领导盛饭，当领导说你盛得太满了时

一般女性：对不起，下次不会了。

聪明女性：领导，碗是圆的，饭是满的，说明咱今天的饭局是圆满的，也预示着在座的各位以后赚得盆满钵满，生活圆圆满满。

当领导夸你工作完成得不错时

一般女性：谢谢领导夸奖。

聪明女性：受宠若惊，都是领导教导有方。

当领导夸你能干时

一般女性：没有，没有。

聪明女性：强将手下无弱兵嘛，都是您领导有方，我怎么能给您丢脸呢？

火车跑得快，全靠车头带，有您这么优秀的领导，我一定会加倍努力！

清醒日志

05 CHAPTER

掌控人际交往的合适火候

“方是以不变应万变，圆是以万变应不变；方是做人的脊梁，圆是处世的锦囊。”

作为女人，做人做事，方圆有度，才是好的处世之道。在为人处世中，坚持必要的原则很重要，掌握恰当的火候也很重要重要。我们需要善待他人，用博爱与友善的胸怀去对待世界；需要“大智若愚”的清醒，保护自己不被伤害。为人处世我们不可丢弃原则，但过于棱角分明，难免碰得头破血流；过于圆滑透顶，也必将众叛亲离。总之，要掌握为人处世的大智慧，用真正的高情商带给女性成功。

女人，善待他人就是善待自己

孔子作为中国古代的先贤，受到了许多外国学者的推崇，因为孔子推崇“仁与礼”的思想，是为人处世的核心法则。仁的内涵是爱人与修身正己，强调的是人格上道德的完善；礼指的是反映、体现仁的行为准则。法国启蒙思想家强调平等、自由、博爱。“博爱”实际上不仅是一种社会伦理，更重要的，它还是一种让人生更快乐的法宝。只有懂得博爱的人，才能胸怀豁达，才能真正做到待人热情、友善，乐于助人，才能在人际交往中立于不败之地。

在印度尼西亚的苏门答腊岛上，生长着茂密的咖啡树，几百年以来，岛上的居民都靠采集咖啡豆谋生。

但是近些年来，每当咖啡果将要成熟的时候，岛民们的烦恼也来了，这是因为有一种叫作棕榈猫的动物开始在岛上生存繁衍。棕榈猫喜食咖啡果，而且比人类更善于爬树，往往在人们还没有开始采摘时，那些最熟最红的咖啡果早已成了这些棕

榈猫的美餐。

由于棕榈猫的争夺，岛民们获得的咖啡资源就少了很多。为此，岛上的居民非常痛恨这个竞争对手，每到咖啡果成熟的季节，便开始驱赶棕榈猫，后来又开始大肆攻击和捕杀它们。人们想以灭绝棕榈猫的方式来保证咖啡的产量。饥饿加之杀戮，使棕榈猫大量死亡，人们终于达到了独占咖啡的目的。

咖啡果长在高大的咖啡树上，人们在采集咖啡时必须要爬到树上去，所以，这是一项非常辛苦的工作。一天，一个懒惰不想爬树的人突然发现：踩在自己脚下的那些棕榈猫的排泄物中竟有很多没有消化的咖啡豆。原来，棕榈猫只是喜欢吃甜美的咖啡果实，但果实里的咖啡豆却因无法消化而被排出体外。于是，这个人就偷偷地把棕榈猫排泄出的这些咖啡豆收集起来，拿回去当作采集的咖啡豆卖给了一位经营咖啡的商人。

没想到，这位商人对咖啡有很深的研究，当他闻到这些咖啡的气味时，立刻感觉出这些咖啡非同一般。在品尝这些咖啡时，他更是惊奇万分，因为这种咖啡不但具有糖浆般的黏稠，而且还有巧克力般的浓厚，入口后香醇润滑，妙不可言，他从未喝过如此美妙的咖啡。他放下杯子，马上找到那个卖咖啡的人，问这些咖啡的来源。于是，这个人不得不说出了这些咖啡豆的来历。咖啡商听罢，不觉感叹造化之神奇。人为发酵咖啡的方法，只能发酵出普通的咖啡，而棕榈猫的消化系统对咖啡

居然会产生特殊的发酵过程，使得原本很普通的咖啡豆脱胎换骨，成为世界上独一无二的神品。感叹之余，他开始出很高的价钱向岛民收购这种棕榈猫咖啡。

直到这时，岛民们才不再与棕榈猫为敌了。他们背着筐，苦苦寻找着棕榈猫的排泄物，每天，他们最大的希望是能有大量的棕榈猫来吃咖啡果，然后排泄出更多香味诱人的棕榈猫咖啡豆。因为，一磅棕榈猫咖啡可以卖到300美元，其价格远远超过了蓝山等名牌咖啡，成了名副其实的世界上最昂贵的咖啡。

但是，由于岛民的滥杀，岛上棕榈猫的数量已经不多了，而棕榈猫的数量制约了棕榈猫咖啡豆的产量，这让人们后悔不迭。

这个故事告诉我们，我们永远都要胸怀一种博爱与友善，记着把生命中的每一杯“咖啡”都分给别人，我们给别人留下机会，就是给我们自己种下了希望。

我们应该善待身边的每一个人，当别人需要帮助时，我们要给予他帮助，而不要伸出你的脚去绊倒他人，这样你才不会在需要别人帮助时，为自己曾经的行为后悔。

与人为善，为自己创造宽松和谐的人际环境，可以少一份吵闹，多一份融洽，让个性和事业有更宽阔的自由天地；与人为善，不仅能享受施惠于人的快乐，更能让自己的身心健康美丽。纷繁人生，拥有一个和平、安宁的世界，就等于拥有了一座五彩缤纷的花园。

与人为善并不是为了得到回报，而是为了让自己活得更加快乐。孟子曰：“君子莫大乎与人为善。”善待他人是寻求成功的一条路径，只有我们去善待别人、关爱别人、帮助别人，才能处理好人与人之间的关系，从而获得他人的愉快合作。

无数的事实证明，成功不能只靠自己的强大，个人的力量毕竟有限，如果想单凭个人的力量去战胜你所面对的困难，那么成功的概率就很小，路也会越走越窄。成功需要依靠别人，只有大家分工合作，各尽所能，才能更快更好地达到目标。

做一个“糊涂”的聪明人

老子说“大智若愚，大巧若拙”，郑板桥说“难得糊涂”。看来古代先贤常把“糊涂”推崇为“精明”的处世之道。

大智若愚从字面上理解，大智即最高的智慧，接近于没有智慧，接近于木讷，接近于愚。智慧如果过于外露，仍然称不上是高级的智慧，“聪明反被聪明误”，一个人过分地精于算计反而更容易被他人算计。

在生活中，一些人喜欢出“聪明”风头，锋芒毕露，从而导致人际关系紧张、处事没有余地等问题。有时候看起来的“糊涂”不过是低调沉稳，这样也容易走得更远。

从智谋的角度来看，大智若愚体现为以静制动、以暗处明、以柔克刚、以反处正之道，表现为降格以待的智慧。要克敌制胜，以有备胜无备。如果意图在于获得外界的赏识，愚钝的外表可以降低外界对自己的关注度，而实际的表现却又超出了外界对自己的期待，这样的智慧表现就能出其不意，一鸣惊人。

大智若愚其实就体现在平凡的生活中。在平凡中表现出不平凡，在消极中表现出积极，在无备中表现出有备，在静中观察动，在暗中分析明，因此它更具有优势，更能保护自己。

比如女性往往在身体上处于劣势，面对一些危险或者发现别人做坏事时，暂时大智若愚的伪装反而能够保护自己，给事后惩治创造可能，一味聪明地点破反而不是明智之举。

在美国经济大萧条时期，有一位姑娘好不容易才找到了一份在高级珠宝店当售货员的工作。在圣诞节的前一天，店里来了一个30岁左右的贫民，他穿着破旧，满脸哀愁，用一种不可企及的目光盯着那些高级首饰。

姑娘去接电话，一不小心把一个碟子碰翻，六枚精美绝伦的戒指落到地上。她慌忙去捡，却只捡到了5枚，第6枚戒指怎么也找不着，这时，她看到那个30岁左右的男子正向门口走去，顿时意识到戒指被他拿去了。当男子的手将要触及门把手时，她柔声叫道："对不起，先生！"那男子转过身来，两人相视无言，足有十几秒。

"什么事？"男人问，脸上的肌肉在抽搐，见女孩没有开口，再次问，"什么事？"

"先生，这是我的第一份工作，现在找个工作很难，想必您也深有体会，是不是？"姑娘神色黯然地说。

男子久久地审视着她，终于一丝微笑浮现在他的脸上。他说："是的，确实如此。但是我能肯定，你在这里会干得不错，我可以为你祝福吗？"他向前一步，把手伸给姑娘。

"谢谢你的祝福。"姑娘也伸出手，两只手紧紧握在一起，姑娘用十分柔和的声音说："我也祝您好运！"

男子转过身，走向门口。姑娘目送他的背影消失在门外，转身走到柜台，把手中的第6枚戒指放回原处。

假如姑娘当场就喊"抓贼"，那个男子很可能会恼羞成怒，做出极端的举动。做人做事都不能那么较真，有时装装糊涂，反而会对自己有利，同时也会使结局更圆满。

人活在这个世上，难免会遇到一些坎坷和不如意的事情，凡事太较真只会徒增很多烦恼。尤其是女性，在家庭、工作、社会等场合扮演着多种角色，兼顾家庭和工作会耗费更多精力。所以，为人处世要学会"糊涂"一点，用一种放眼未来的襟怀去对待一切，也许会收到意想不到的效果。

做一个"糊涂"的聪明女人，既能够保护自己，又能赢得他人的尊重和好感。做到这一点，需要在多方面秉持看似简单实则高明的策略。在家庭领域，可以"藏好家里的事"，不太过炫耀和暴露自己的家庭生活，保持低调，避免别人的嫉妒或者落井下石。于此同时，藏起自己的锋芒、藏好自己的情绪也非常重要，避免过分炫耀自己的外貌、才能或财富，容易招来嫉妒和麻烦，平静和从容地与别人打好交道。

总之，通过“装装糊涂”来保持分寸，女人可以在生活中做到大智若愚。既有效地保护了自我，又能从容地观察形势，这才是真正的明智之举。

所以，难得糊涂是一种真聪明，显示出智慧，不但给各种繁杂的事情涂上润滑油，使其顺利运转，也能在生活中充满笑声，显得轻松明快。相反，过分老实认真只会导致木呆刻板，甚至使事情陷入僵局。

情势危急安全应对

在生活中，我们总会遇到各种各样的“危急时刻”，其中更不乏一些别有用心之人强加给我们的伤害。当情势危急时，立即“硬碰硬”地反击往往不是最优解决方案，但这并不意味我们一定要委曲求全，而是“玉石不与瓦砾相争”，同时“好玉伴碎瓦”本身就是“玉”的大损失。所以，应对危急情势时，即使不一定大快人心，但至少不委屈自己，不过首先要保证自身的安全。

女性在社会上，有时会遇到物化和消费女性的现象、性别偏见的指摘甚至性骚扰的危机情势。女性要选择一种安全的方式来保护自己，也许反击不够“爽”，但足够让自己免受伤害。

某女生在大学毕业后，进入一家杂志社跑业务。某日，杂志社的老板带她去了邻市的一家豪华 KTV 应酬客户。然而当时她并没有意识到那并不是一家普通的 KTV，很快她就陷入了危急时刻。

喝醉酒的客户自控力明显下降，点了一首歌要和她一起唱。尽管她有些不情愿，还是勉强答应了。然而一曲歌毕，客户却强拉住她，从兜里掏出一沓钞票，就往她领口里塞……

在男性绝对力量下，她的挣扎并没有起到作用，一种强烈的耻辱感冲上她的头顶。她又羞又惊，连忙示意老板来帮助自己。可是，老板却故意躲着她的眼神，转身过去跟别人推杯换盏。

更令人寒心的是，这件事周围人都看在眼里，可是无论男女，竟没有一个人来阻止。她越是激烈反抗，那个客户越是暴躁。

她迅速冷静下来，知道大家都在看着自己，她没有采用大骂、扇耳光等看起来很“硬碰硬”的反击方式，因为她知道那个客户早已经失去理智，周围的人也不可能帮助自己。

她将钱默默地从领口里拿出来，然后应付了几句后，找借口离开，用力拉开包厢门，跑到了公共地带。等彻底逃离了那个陌生且危险的环境，她选择了报警。最终警方通过调查，给予了那个客户应有的处罚。随后，她提出了辞职，离开了那个没有担当甚至纵容别人对自己的员工施暴的老板。

或许这个女孩的反击看起来不是那么令人解气，但这是她认为最安全和体面的方式。对当时的她来说，能在一家很有名气的杂志社上班是很不容易的事情。但是，人不能仅为了那些“头衔”“名声”甚至“工资”而牺牲自己。

在面临危急情势时，我们要懂得保持冷静并采取恰当的应

急措施。在面临可能带给自己伤害的危急情势时更是如此，女性要有勇气说“不”，也要懂得尽可能采取安全的措施去应对。一方面，你若不勇敢，你只会承受所有的委屈；另一方面，策略和方式也十分重要，一时“硬碰硬”地发泄自己的不满，很多时候并不能达到最好的结果。

当危机降临时，我们有时会感到迷茫和无助，但不能让其阻碍我们继续前进。相反，我们应该勇于面对困难，集中注意力解决问题。危急情势千千万，我们让自己保持冷静至关重要，其实保持冷静的首要目的就是为了更好地找到安全应对危机的方法。冷静会帮助我们明确自己所处的环境，进而判断自己下一步应该采取的行动，以对自己更积极和安全的方式应对，妥善解决问题。

人际交往的技巧

有人可能会问，一个人没有魅力也可以获得成功，是这样吗？如果女性不掌握社交的艺术，怎能成为一个有吸引力并获得成就的人呢？

人际交往中，个人魅力的作用相当于一张无形却最值钱、最能介绍自己的名片，能否运用得好直接关乎你的受欢迎程度。女性想要让别人更好、更全面地认识你，就要充分地展示你的个人魅力。

真诚地关心他人

如果你想改善自己的人际关系，如果你想获得他人的关心与帮助，那你首先得做到一点：学会关心他人。在熟人生日时送上一束鲜花或是发一条表示关切和祝福的短信，朋友结婚或生子时也要及时送上温馨的祝福，同事获得成功时，要记得在第一时间表达祝贺。渐渐地，你会发觉自己也得到了超出期望的美好和诚挚的祝福，会有很多人想着你、念着你。

不时地微笑

微笑是一种万能剂。尽量使自己成为一位随和的人，而且令人不致有紧张感。换而言之，你必须是一位轻松自然、不做作的人。笑，可以消除双方的对立关系；笑，可以传递出一种令人会意的情感；笑，可以给他人留下良好的第一印象。既然如此，你何不开怀一笑呢？

记住对方的名字

姓名是一个人的符号，熟记对方的名字可使对方产生深刻的印象，这是因为姓名对于个人而言，可以说最具代表性。一个连他人名字都忘的人，当然不会引起对方的兴趣与好感，这样便直接影响你进一步与人交往。

学会倾听

有些人不喜欢听别人讲话，他们要么滔滔不绝地与人说个不停，不顾他人如何反应；要么当人讲话时，总是心不在焉的。这种不良的行为习惯确实无益于人际关系的维护。要使人愿意与你交往，那就做一个善于倾听的人，以增强别人对你的好感。

善用幽默

幽默是一种高雅的品质，它是睿智与阅历的体现，是人际交往的润滑剂。俄国文学家契诃夫说过：“不懂得开玩笑的人，是没有希望的人。”无疑，善用幽默，可有效提升自己的个人魅力。同时，幽默是一种智慧的表现，女性要培养自己的幽默感，最重要的是扩大自己的知识面，不断从浩如烟海的书籍中收集幽默的浪花，只有拥有了广博的知识，才能做到谈资丰富，妙言成趣，从而在不同的场合使用恰当的比喻。另外，要有乐观精神。因为幽默感和乐观精神是亲密的朋友，很难想象一个成天愁眉苦脸、忧心忡忡的人会有出色的幽默感。

注意细节

不要不拘小节，尽量除去个性中不拘小节之处，即使是在无意识中所产生的。无论做任何事都不逞强，不力求表现，而以自然的态度去应对；避免发怒、生气，要训练自己面对任何事都能泰然处之、从容不迫的能力。

保持忠诚

不要因为认识你的人去了外地谋求发展，就把他从你的联系人名单里删掉。定期或不定期地与之保持联系，哪怕是他和你目前的工作没有关联。只有注意时刻维护好你的人际关系，你才能在需要他人帮助时获得强大的助力。

切忌背后议论人

女人不要做“长舌妇”，在与人接触交往中，要竭力避免背后议论人。不负责任的议论，不仅达不到交往的目的，而且会伤害感情。特别是在大庭广众之下，尽可能不揭别人的短处。

建立稳定可靠的人际网络

跟同事或是同行每个月在聚会上碰碰面。在这样的内部聚会上会有不少免费而又不可忽视的内部消息、改进工作方法的建议和成功卓著的战略。

对于每个人来说，要想在事业上获得更进一步的发展和提升，就要维护好你的人际关系网络。好的人际关系能促进人与人之间思想感情上的交流，能使人们从中汲取力量和勇气，使人在碰到挫折、困难时得到别人及时的帮助，通过交流达到互相理解；能使人处在一种舒畅、快慰、奔放的精神状态中。

凡事要留有余地

在这个世界上，没有完全绝对的事情，一枚硬币有两个面。同样地，任何事物都有两个相对的面，也就是说，我们做人不要太绝对，要给自己和他人留有余地。

女性也许会因为自身的行为和习惯，加上认知方面的偏差，而在不知不觉中给自己的人际交往布下陷阱，比如过于热心关注或议论他人的隐私。

王小姐曾是公司中公认的热心人，无论身边的同事碰上什么麻烦的事情，她总是会积极热心地帮助。这原本是一种好的行为，可是到了后来她老是禁不住地打听同事的私事，比如谁谈恋爱了，谁家里开始闹矛盾了等，最糟糕的是她还把打听来的事情当作聊天的话题公开议论。就这样，同事们开始慢慢疏远她，最后她成了孤家寡人。

留有余地是一种心态。佛家有句话说："心善如水。"作家刘墉也曾在他的书中写道："人们往往惊异于太阳的热力，而脚

下的大地却有着更令人惊奇的热量。天没暖，大地先暖，所以许多的花才能破冰雪绽放；人情不暖，内心先暖，所以我们能够在尘世做一剂清流。”心地善良的女人往往能替别人考虑许多，因此也时常为他人留有余地。也许她会因为这样而失去一些名利或财物，但与此同时，她却获得了比金钱更为重要的东西，那就是对方的感恩。

留有余地是一种美德。

三国时期，诸葛亮曾经七次生擒孟获，却每次都放了他。有人会说，他傻不傻，费了那么多的时间和精力抓一个人，最后却“放虎归山”！难道他傻吗？当然不是，诸葛亮不仅给自己留下了余地，也给了孟获一条退路。深谙用人之道的孔明知道，要想让一个人才心甘情愿地为国效力，就要让他心悦诚服地降服。果然，孟获最后终于甘心归降认输，诸葛亮也由此留下了一段传世的佳话。

留有余地是幸福的另一种表现。就像苏格拉底所说，生存于这个世界，太过理智反而不是一件好事。人们所追求的不仅仅是人生的价值、美丽的容貌和巨大的财富，还有更重要的朋友、家人和爱人。如果女人总是过于理智地去处理她身边的事，纵使她得到了想要的，但她又失去了更多。后者的价值显然无法与前者相提并论。试着用感性一点的想法来对待身边的问题吧，这不会让你损失什么；相反，你有可能会收获一份巨大的

幸福。

凡事留有余地只是做事时一个很小的细节，但是它却能决定成败。给自己和别人留有一丝余地吧，这是对人生最好的感悟。

在韩非子的《说林》中有这么一句话：“刻削之道，鼻莫如大，目莫如小。鼻大可小，小不可大也；目小可大，大不可小也。举事亦然，为其后可复者也，则事寡败矣。”

这段话的意思是说，工艺木雕的要领，首先在于鼻子要大，眼睛要小，鼻子雕刻大了，还可以改小。如果一开始便把它给刻小了，就没有办法补救了。同样的道理，初刻时眼睛要小，小了还可以加大。如果刚开始雕刻时，就把眼睛弄得很大，后面就无法缩小了。为人处世，凡事要留有余地，留有后路。只有这样，才不至于走投无路。

有一句俗语：人情留一线，日后好相处。意思是说与人相处，凡事不可做绝，要记得给彼此留有余地，以后不管在什么场合见面，都不会难堪，不会尴尬。民间有许多俗语，如养儿防老，囤谷防饥；晴带雨具，饱带干粮。说的都是为明天留后路，留余地。

建筑楼群，要留出一席余地给花草，给绿树，给行人，给阳光；铺筑路面，每到一定的距离，便要留下一条名为缩水线的余地，以免路面发生膨胀而破裂；高速公路，每过一段里程就要在路边留出一块余地，供有毛病的车辆应急停靠检修；狡

兔三窟，要给自己留有逃生的余地；得势不忘失势，留有后退的余地。强盛而不忘衰败，富有而不忘破落。甚至人情世故，恩怨是非，都得留有余地。

保护森林，是给自然留一份和谐的余地；保护湿地，是给水禽留一份生存的余地；退耕还林，是给树木留一份苍绿的余地；保护隐私，是给心灵留一份自在的余地。树与树之间，留有间隔，才能长得茂盛粗壮；人与人之间，保持相应的距离，才能避免摩擦和纠纷，才能相处得更融洽。

批评人要留有余地，便是给人留下改过自新的机会；表扬人留有余地，便是给人留下继续进取的动力。

人在社会上，无论做什么事，都要学会留有余地。话不可说满，事不能做绝。留有余地，才会有足够的回旋空间。所谓天无绝人之路，就是说连上天都会为每个人留有转机，更何况是我们人呢?

弹琴唱歌，余音绕梁；赠人玫瑰，手留余香；流水有回旋的余地，才会减少灾难；江河有涨落的余地，才不致泛滥成灾。

凡事留有余地，才能做到均衡、对称、和谐；凡事留有余地，才能做到进退从容、屈伸任意；凡事留有余地，才能为以后的人生洒下一片温暖的阳光。

社交中的安全距离

哲人叔本华说：人就像刺猬，靠得太近，会相互刺痛；距离太远，就无法“取暖”。人与人保持适当的距离，才能产生和谐的关系。无论任何人之间都是有距离的，与人交往要保持适当的距离。

女性在进行交际的时候，交际双方在空间所处位置的距离具有重要的意义，它不仅告诉我们交际双方的关系、心理状态，而且也反映出民族和文化特点。心理学家发现，任何一个人需要在自己的周围有一个自己能够把握的自我空间，这个空间的大小会因不同的文化背景、环境、行业、个性等而不同。

地球与各个行星只有保持一定的距离，才能按各自的轨道旋转而不至于碰撞；机动车与行人分道而行，才保证了交通的安全。

有句这样的歌词：“朋友多了路好走。”人生在世，不能没有朋友。人们也常说：“在家靠父母，出门靠朋友。”多一个朋友多一条路，多交几个朋友总是会有益处的。

但是，朋友关系不像父子、夫妻关系那样，事关亲情，也不像上下级之间，聚也容易散也容易。所以，交友不但要谨慎，而且朋友之间也应该保持适当的距离，这样做不仅仅是为了自身，更是为了友谊的长久。

女人天生是感性的，对待一个事物往往因为太喜爱就会失去理性。同时，女人与女人之间的相处也是非常微妙的，在互相建立联系的过程中，女人都会有一个可以完全信赖和吐露心声的亲密无间的朋友，但大多数情况下，也会因为没有注意保持距离而伤害到彼此之间的友谊。

古人曰："与朋友交，敬而远之。"敬也就是保持一定的距离。俗语也说，"过近无君子""有距离才会有美"，说的正是这个意思。保持适当的距离，是朋友的距离。换句话说，距离是朋友之间的氧气。

人与人之间，在还没到亲密无间的地步时，便是一条射线，前面的路地久天长。一旦亲密无间，就成了一条线段，那份交情就要进入倒计时了。

英国政治家和作家本杰明·迪斯雷利曾经说过这样一句话："没有永恒的敌人，也没有永恒的朋友。"朋友之所以不能永久，是因为我们往往情不自禁地把好事做尽，没有给友谊留下必要的生长空间。

方雯在多年的努力下，终于在单位管理层有了一个小位置，掌握着一点小权，就因为她的“一点小权”，围在她身边的“朋友”也越来越多了。她也很随和，对她那些所谓的“好姐妹”无所不谈，她认为朋友之间就不应该有所保留，而应该坦诚相待。于是，她在那帮“姐妹”“朋友”的面前自然也就没什么隐私。

后来，因为工作，她出国考察了一段时间，于是有人恶意传言说她不会回来了。这时，方雯的一位最为知心的朋友为了讨好领导，向领导讲了她的不少坏话。哪知过了一些时日，方雯却不声不响地从国外回来了，并且还是原职。于是，她就目睹了一次极为精彩的“表演”：那位朋友不仅毫无愧色，而且还要为她这位“知己”接风洗尘。原来她在国外考察的时候就已经得知她的朋友出卖了她。其实，错误不在于她过分相信朋友，而在于她和朋友之间没有保持一定的距离。朋友之间以诚相待没错，但这并不意味着朋友之间就应该没有一点隐私，毫无保留。

在一定的情况下，朋友是最值得信任的，但在有些时候，朋友却也是最危险的人。所以，朋友之间应该时时刻刻保持应有的距离，一旦跨越雷池，受伤的不仅仅是自己，你苦心经营的友谊也会一去不复返。

人与人之间，距离太大，就是隔膜、障碍。如果距离太小，又仿佛失去了神秘感，失去了吸引力。就好像对一些太容易得

到的东西，我们往往不懂得去珍惜。而对得不到又有机会得到的东西，我们会期待着去争取。

在动物园参观，远远看见大老虎的时候，你会有一种很神秘的美感，可是一旦野兽靠近，就算安全防范做得再好也会让你不寒而栗。人和人之间同样会有一个“安全距离”，如果“安全距离”被破坏，人的心理安全得不到满足的时候，矛盾也就会如影随形。

其实，与人交往保持距离，绝不是设置心灵上的屏障或戒备防线，物理距离也好，心理距离也罢，但它绝不是感情距离。“距离”没有固定的界限，它因人、因场合而异，学会了掌握恰当的距离，我们就学会了尊重别人和被别人尊重，就能更好地与人交往。

放弃是为了更好的得到

做自己能够控制并适合的事，你就离成功更近。控制自己并不是一件容易的事情，因为我们每个人心中永远存在着理智与情感的斗争。

生活在五彩缤纷、充满诱惑的世界上，每个人都会拥有理想、憧憬和追求。但是过高的追求并不适合客观条件，女性在有所衡量后，就要学会放弃一些东西。放弃是必要的，放弃中包含着丰富的人生智慧。放弃那些不切实际的目标，做自己能够控制的事情是更智慧的选择。

一个年轻的大学生在逛集市的时候，看见一位老人摆了个捞鱼的摊子，他向有意捞鱼者提供渔网，捞起来的鱼归捞渔人所有。这个年轻人一时童心大发，蹲下去捞起鱼来，他一连捞破了三条渔网，连一条小鱼也未捞到。

他见老人眯着眼看自己的蠢样，似乎在暗自窃笑。他便不耐烦地说："老板，你这网子做得太薄了，几乎一碰到水就破，

那些鱼又怎么捞得起来呢？”

老人回答说：“年轻人，看你也是念过书的人，怎么不懂呢？当你心中生出意念想捞起你认为最美的鱼时，你打量过你手中所握的渔网是否真有那能耐吗？有所追求不是件坏事，但是要懂得了解你自己呀！”

“可是我还是觉得你的网太薄，根本捞不起鱼。”

“年轻人，你还不懂得捞鱼的哲学吧，这和众人所追求的事业、爱情、金钱都是一样的。当你沉迷于眼前目标之时，你衡量过自己的实力吗？”

这位年轻人终于感悟，目标越大，得失越大，挫折感也就越大，人生之苦不都是这样吗？

人生苦短，韶华难留。女性有了目标并为之奋斗，是件让人佩服的事，但若目标太远大，而自身的条件或能力不允许，就要适时地改变目标，朝更有利的方向前进。

女人要学会放弃，放弃你不想做的事；女人要学会选择，选择你喜欢并擅长做的事。

女人为了真正得到想要的东西，就必须认清自己的能力，知道自己适合做什么，不适合做什么，长处是什么，短处是什么，在社会中找到自己恰当的位置。只要在自己的人生道路上，找到正确的人生坐标，就能够充分发挥自己的聪明才智，改变自己的命运，从而到达成功的彼岸。

做勇敢的梦，成为可爱的人

女人如何做才能成为自己想成为的人呢？没有标准答案，以下几条可以借鉴：要学会充满自信；做事有主见；要学会高贵；要学会把握好感情的尺度。一个女人要想完全做到以上几点，不是一件容易的事。

女人不是因为美丽而可爱，而是因为可爱而美丽，尤其是年轻的女性，可爱是她们青春的通行证。美貌往往是一种表象，而可爱则多是一种天生的气质，刻在骨子里。如何做一个可爱的气质女人呢？

要充满自信

在这个处处充满竞争的社会，那种柔弱无助、自怨自艾的女人已日渐失去市场。男人不再是女人的主宰，女人也早已不是男人的附庸。渴盼男人赐予你幸福，永远是被动而不安全的。女人要学会自我拯救和自我完善，永远是最重要的。

一位年轻的女记者在跻身于记者行列之前，只不过是一个极其普通的农家女青年，她高考落榜后，不甘消沉，勤奋苦学，来到一家大报社毛遂自荐要当一名记者，不要一分钱工资，靠写稿维持生计。几年下来，她成了一位颇有名气的记者。

做事有主见

心理学家分析认为，女人往往感情胜过理智，对待友情、事业、婚姻亦如是，这是阻碍女人发展的弱点。

一位在广东的打工妹，在身边的人纷纷陷入现代都市的浮躁与繁华当中迷失自我的时候，她依然保持着清纯女孩的本色。在她的宿舍里，其他女孩几乎都交了男朋友，只有她尚是“单身贵族”。其实她并不是不想交男朋友，只是想再晚一点。她出来只是想挣点钱，一些寄给家里，一些留着给自己置办嫁妆。她认为那些不甘心在流水线上做蓝领的姐妹，绞尽脑汁去傍大款，是不可能幸福的。她只想靠努力工作挣钱，然后回老家过平静的日子……无疑，这种站在现实的根基上能够清醒地审视自己的有主见的女人，也不失为可爱的女人。

要高贵

女人的高贵并非指的是要出身豪门或者本身所处的地位如何显赫，这里的高贵是指心态上的高贵。小仲马的《茶花女》

中的主子爱上女仆，只因为身为女仆的她气质高贵而又有十足的女人味。这种女人往往会给人们以生活的信心和勇气，因为她的生命里潜存着一种净化心灵、激励斗志的人性魅力。现代女性要做到不媚俗、不盲从、不虚华，自然少不了要有这种让人倍加欣赏的高贵气质。

要把握好感情的尺度

一位独立的知识女性，她深爱着她的丈夫，但是，她爱丈夫的时候也没忘记珍爱自己。她的丈夫常年在外经商，但他们的感情十分融洽，从未有过一丝半缕的裂痕。有人问："你不担心他在外面寻花问柳吗？"这位女士回答："我和他的爱从来都是平等的。从接受他的爱的那天起，我就完全地信任了他，我爱他但不苛求他。我希望他成功完美，但我从未把自己的一切押注在他身上。我担心什么呢？有些时候感情这种事你放开来看，其实恰恰就是一种最好的把握。"

有些女人从一开始就把自己摆到一个乞求感情的地位上，悲剧的诞生往往就在这里，你都不自信，别人怎么看重你？因此，感情是最在乎尊重和平等的……不用说，有见识和胸怀的女人，男人自然会感到她的可爱了。因为男人爱上一个女人的同时，并不希望她在爱的约束下丧失自己的一方世界，更在乎爱情的默契、宽容和理解。

聪明乐观的女人往往能尝试着让自己的心灵变得通达起来，让爱在一种平淡中走向坚固和永恒。爱应该是有所节制的，而且应该是向善的，女人更应该学会调适自己，不要一味地为情所困，以致让感情取代了生活的全部。

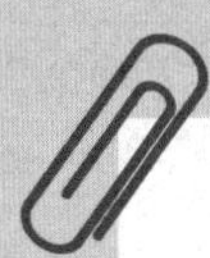

女人高情商话术

聪明女性告诉你的社交技巧：

跟富人交流时：

不要谈论财富，而要夸他的胆识与魄力。

跟穷人交流时：

不要跟他谈交情，而要直接谈利益。

跟男人交流时：

不要跟他谈感情，而要重视他的逻辑。

跟女人交流时：

不要跟她讲道理，而要重视她的情绪。

跟孩子交流时：

不要总想说教他，而要注重激发和鼓励。

跟老人交流时：

不要争论对与错，而要保持谦虚和尊重。

清醒日志

清醒日志